丹鸿

著

硅谷颠覆者

埃隆·马斯克的超人逻辑

中国华侨出版社

北京

图书在版编目（CIP）数据

硅谷颠覆者：埃隆·马斯克的超人逻辑 / 丹鸿著 . —北京：中国华侨出版社，2019.7

ISBN 978-7-5113-7876-7

Ⅰ.①硅… Ⅱ.①丹… Ⅲ.①成功心理－通俗读物 Ⅳ.① B848.4-49

中国版本图书馆 CIP 数据核字（2019）第 119334 号

硅谷颠覆者：埃隆·马斯克的超人逻辑

著　　者：丹　鸿
责任编辑：刘晓燕
责任校对：孙　丽
经　　销：新华书店
开　　本：670 毫米 ×960 毫米　1/16 开　印张：15　字数：214 千字
印　　刷：河北省三河市天润建兴印务有限公司
版　　次：2019 年 10 月第 1 版
印　　次：2024 年 4 月第 3 次印刷
书　　号：ISBN 978-7-5113-7876-7
定　　价：42.00 元

中国华侨出版社　北京市朝阳区西坝河东里 77 号楼底商 5 号　邮编：100028
发 行 部：（010）64443051　　　传　　真：（010）64439708
网　　址：www.oveaschin.com　　E－m a i l：oveaschin@sina.com

如果发现印装质量问题影响阅读，请与印刷厂联系调换。

前言

　　世界上从不缺少盲从者，因为人们从小就被告知，少数要服从多数。那么，多数人就一定是正确的吗？或许从社会道德方面来说是这样的，或许从普世观点来说是这样的，或许从公共秩序上来说是这样的，但是在成功的道路上从来都不是这样。"真理往往掌握在少数人的手中"，这句话成了独行者的动力，每个在成功道路上走得更远的人，都是真正的独行者。在他们的身边鲜有伙伴，就连并驾齐驱的竞争者都非常罕见。那么，与众不同，被所有人反对，就是错的吗？

　　埃隆·马斯克或许不是硅谷中最富有的人，或许不是硅谷中八卦最多的人，或许不是硅谷中最勤奋的人，但是他一定是硅谷中最炙手可热的人。他的每一项事业都改变着这个世界。Zip2 这个小商家点评网站，最终成为了谷歌地图这样神奇的 APP。X.com，最终成为了支付宝的原型 PayPal，彻底改变了人们的消费方式和金钱观念。特斯拉，让纯粹的电动车进入了人们的眼帘，让真正的低碳、环保生活成为现实。SpaceX，更是让人们在未来能够离开地球，实现人类憧憬了几十年的太空旅行。他还将眼光放在了人工智能和半机械人这两项充满未来感的产业上。

马斯克一路走来，领略了成功道路上的大好风光，这不仅是因为他的努力、他的天赋，更是因为他独到的眼光。他所做的事情，大多是别人只敢想、不敢做的，其他是只有少数人敢于涉足，最终却浅尝辄止的事情。马斯克是孤独的，但是不管有多少人反对，他仍然坚定地走着，披荆斩棘地杀出了一条属于自己的成功之路。

被所有人反对，未必就是错的。也许是你发现了一条通往成功的康庄大道，也许是因为你找到了一片丰饶却从未有人涉足的蓝海。那些平庸的人对你品头论足，在背后嘲笑你，因为你走上了一条无人涉足的艰辛道路。没关系，涉足的人越少的地方，风景才越好。开发得越少的地方，资源才越丰富。当你找到了那条成功之路，成功地发现了那片蓝海时，那些平庸者就会闭上自己的嘴巴。

本书并非面面俱到地描述埃隆·马斯克的人生经历，而是想让读者沿着马斯克的成功之路领略这条路上的大好风光，找到马斯克成功的真正原因。相信读者们在读完本书以后，将坚定信念，哪怕所有人都反对，也能走出一条属于自己的成功之路。

目录
contents

第九章　思维原则：

想前不如想后，想得不如想舍

第十章　风险原则：

害怕风险往往失去了机会

第一章 / 目标原则

挑你认为最重要的事去做

①

马斯克精神的核心

埃隆·马斯克，是硅谷这个全世界高科技产业最为集中的地区最炙手可热的人物。原因就是他做成了一件全世界的人都认为非常荒谬的事情，那就是创办了一家成功的个人航天公司。

早在 2001 年的时候，埃隆·马斯克就开始接触对个人航天有梦想的人了，他甚至愿意为此将部分的金钱作为捐款。但是，这些人最终并没有翻出什么大的浪花来。当他登陆 NASA 的网站时，发现整个 NASA 网站上居然连一篇详细的关于火星探索的计划都没有。这件事情让他非常失望。他一直认为，美国人是世界上最有探索精神的，如果连美国人都没有在这件事情上下功夫，那么还有谁在乎这件事情呢？

正是因为他对人类探索精神的失望，他开办了太空探索技术公司（SpaceX）。SpaceX 2002 年 6 月成立，2008 年 9 月 28 日正式成功发射了一枚火箭，中间经历了 6 年的时间。在这 6 年里，SpaceX 经历了 3 次火箭发射失败的痛苦，最终取得了成功。他们做成了这件在无数人眼中非常荒谬的事情。

在这个世界上，有很多荒谬，但是又非常重要的事情。正是因为这些事情非常荒谬，才没有多少人去做。但这些事情也足够重要，正是因为这样，做成这些事情的人才会改变人类的生活方式，甚至改变人类历史的进程。

在 2000 年的时候，如果有人告诉你，将来你可以足不出户在家里就能买到你想要的一切，你会有怎样的想法？你会担心购买到的货物是否符合自己的心意，你会担心会不会在自己付钱以后得不到商品，甚至会担心如果卖家离你太过遥远，商品在半路上就遗失了。如今你对这些事情还有多少担心？淘宝网让足不出户就能够买到任何东西变成了一种现实。正是这个在 2003 年 5 月成立的公司改变了大部分中国人的生活方式。如今，还有人认为这件事情是荒谬的吗？

在我们的大脑里面，每天都会产生许许多多的点子，在这些点子里，有些看起来是可行的，有些看起来是不可行的，有些是重要的，有些是无关紧要的。但是，那些看似不可行的、荒谬的事情，到底有多重要呢？如果这些事情足够重要，我们能否化腐朽为神奇，将荒谬的事情变成可行的事情呢？

关于人类和动物最大的区别，有人认为是人类有自己的文明，有人认为是人类可以利用自然，有些人认为人类具有创造力。其实，人类和动物最大的区别，从根本上来说，人类比动物更有主观能动性。人类的行为不仅受到本能的驱使，更会为很多看似荒谬的事情而努力。有人说，奇迹只发生在那些"傻子"的身上。那么，创造奇迹的人真的是"傻子"吗？我觉得不是，那些创造奇迹的人，才是真正的智者，才是真正的聪明人。所谓的智者，认为一件事情不能够完成，就不去做，正是因为这一点，在他们的身上永远不会出现奇迹。而那些所谓的"傻子"，他们明白什么事情是重要的，即便非常荒谬，也年复一年、日复一日地去努力，最终创造出人们口中的"奇迹"。

那些所谓的"奇迹"根本就不是奇迹，只不过是一个聪明人，付出了无数的时间和精力，最终得到的、理所应当的回报而已。世界上没有无缘无故的事情，也没有所谓的"奇迹"。

马斯克的 SpaceX 让猎鹰 9 号成功地升空，以公司的身份完成了这个壮举，在一些人的眼中也是奇迹。如果他们知道，马斯克为了这件事情付出了多少的努力，或许他们会将运气成分完全从这件事情里刨除。公司建立的时候，马斯克就开始东奔西跑寻找人才。他们自己制造了火箭的推进器，自己想办法减少火箭的发射成本，一次又一次烧钱的实验，最终才有了奇迹一样的发射成功。

当马斯克的 SpaceX 数次将火箭送上天，并且还搭载着其他国家的卫星，甚至是自己家特斯拉公司的轿车时，再也没有人认为马斯克的想法是荒谬的。所有人都认为马斯克做成了一件重要的事情，一件不得了的事情。在我们的一生中，也会碰见数次这样的事情，你所认为正确的事情、重要的事情，在其他人的眼中，甚至是自己的心里都是荒谬的。在这种情况下，我们是时候有勇气像马斯克一样去坚持，去化腐朽为神奇吗？

如今，埃隆·马斯克的步伐越来越大，他想要让不需要汽油的智能汽车跑遍全世界，他想要让只出现在科幻片里的管道地铁成为现实，他想要在火星上种菜，将火星变成一个能够让人类生存的新天地，最终死在火星上。他的这些梦想，在人们的眼中仍然是荒谬的，马斯克能否实现这些事情呢？不管看起来多荒谬，只要这件事情是重要的，是有意义的，我们不妨宽容一些，多抱一些希望来看待这件事情。也许，我们所听到的、所看到的，并非是荒谬而疯狂的想法，而是一个个尚未发生的"奇迹"呢！

（2）

不被嘲笑的理想，就没有实现的必要

理想是什么？理想就是自己想要成为的样子。每个人都有自己想要成为的样子，但是这个样子在其他人的眼中，有些时候就是愚不可及的。被人嘲笑，也并不是一件不能理解的事情。特别是，在这个世界上，有些人的理想之远大，是很多人都无法理解的。这种理想遭到无数人嘲笑的理想有实现的必要吗？有！

每种理想都有被实现的必要，埃隆·马斯克被人嘲笑过，也被人称作是傻子，他已经逐步实现了自己的目标，但是这一切仍然是无法避免的。2018 年 3 月，在美国得克萨斯州举办的音乐盛典 SXSW 上，埃隆·马斯克表示，自己会在 2019 年将 SpaceX 的火星飞船送上太空。火星飞船可以载货，也可以载人，而在 2019 年，火星飞船可以搭载游客完成一次简单的太空旅行。

旅行的时间并不长，火星飞船也只是贴着地球飞行，全程时间只有短短的 39 分钟。但是这个消息仍然让在场的所有人欢欣鼓舞，因为埃隆·马斯克为这次旅行定下的价格和飞机进行洲际旅行的价格差不多。这个消息让世界上一部分人可以提前体验在太空旅行的感觉，这是人们之前不敢想象的。

有人嘲笑他吗？自然是有的。太空旅行并非是一件简单的事情，每个宇航员在去太空之前，都要接受大量的训练。而且，太空航行需要面对的风险实在是太大了，飞机失事都是九死一生，更何况是太空旅行了。埃隆·马斯克提出的这个旅行项目，没有人认为这是一项有收益的项目。

埃隆·马斯克的理想，在我看来是伟大的，是闪闪发光的，即便这个想法引来了无数人的嘲笑。但是，没有人嘲笑的理想还有实现的必要吗？什么样的理想会被人嘲笑呢？只有那些看起来难以实现的理想，只有那些如果真的实现了会改变人类命运的理想，只有那些实现了以后会引人嫉妒的理想。那些嘲笑伟大理想的人，无非是因为自己并没有能力去实现这种理想。别说是实现，他们可能连想都不敢想。

勇敢去实现自己的理想，是一个人一生之中最高的目标。然而实现自己理想的人又有多少呢？可以说是少之又少。在一所小学的一个班级，如果你问那些学生，他们的理想是什么。十有八九他们会表示，想要当科学家。但是，几十人中能够成为科学家的又有几个呢？可能一个都没有。大多数人，在遭遇了困难、遭遇了他人的白眼、遭遇了社会的压力和生活的压力以后，就彻底放弃了自己的理想，或者是改变自己的理想，将自己的理想变成了一个自己更加容易实现的目标。或者这样，就不会有人嘲笑他们了。

不被嘲笑的理想，一个简简单单就能够实现的理想，有什么实现的价值呢？这种理想往往会成为一个在人生的道路上随手就能实现的事情，又有什么好专门去实现呢？

在这个世界上，不是所有人都含着金汤匙出生。更多的人出生在普通的家庭，甚至是比较贫困的家庭。只有有理想，并且坚持下去，才能够获得成功，才能够改变自己的人生。

郑渊洁是家喻户晓的童话大王，他的童话作品不仅小孩子觉得妙趣横生，让大人也有深刻的思考。他的《舒克贝塔》《魔方大厦》等作品被拍成了电视，成为深深影响了一代人的作品。在他31岁的时候，创办了《童话大王》月刊，所有的内容几乎都是由他一个人提供。有人嘲笑他说："一个人办的月刊，能坚持几天呢？"结果他不仅坚持下来了，还成为了真正的"童话大王"。

韩寒是中国最畅销的小说作家之一，他是中国最出色的赛车手之一，他还成为了导演，执导了《平凡之路》这样出色的电影。但是当他决定放弃学业追逐他的理想的时候，得到的是无数的白眼和嘲笑。有人问他说："你连书都不念，怎么能写好书呢？将来又靠什么养活自己呢？"韩寒说："靠我的稿费啊。"他做到了，实现了自己的理想，还完成了很多理想之外的成就。相信当年那些嘲笑他的人，对于这些成就是想都不敢想的。

硅谷的势头也不是一直都好的，"努力工作，努力玩耍"是硅谷人一直信奉的真理。但是，在互联网财富泡沫破灭的时候，人们才看清楚，这个世界根本没有四时不谢的花。即便是高科技产业，也有遇到低谷的时候。即便所有人都认为，硅谷完蛋了，互联网完蛋了，马斯克仍然没有放弃对互联网的信心，他开创了 Zip2，从中获利 2200 万美元，并利用这笔钱开创了 PayPal。

开创 PayPal 后，他更是不顾他人的嘲笑向 SpaceX 投入了 1 亿美元，向太阳城投入了 3000 万美元，向特斯拉投入了 7000 万美元。他在业内人士眼中是个不折不扣的败家子。要知道，在这些行业中，他的竞争对手有洛克希德·马丁和波音这样的巨头公司。他的行为，被精明的投资人认为是将钱扔进大海里。最终，马斯克成就了自己的理想，成就了被所有人嘲笑的理想。

如今，马斯克已经放出了自己的豪言壮语，"把人类送上火星"是他全新的理想。这个理想仍然被人们认为是愚不可及的，但是却有越来越多的人开始相信他了。将人类送上火星，对于马斯克来说已经不仅是一个理想，更是他的使命。人们喜欢马斯克，却嘲笑他的理想，而他的员工却正好相反。他不是一个赚钱的CEO（首席执行官），而是一个喜欢挑战的人。那些没有人嘲笑的理想，对他来说是没有价值、没有必要去实现的。

3

即便理想与现实相悖，也不代表错了

    理想，在我们实现它的时候总是会不断地去定位它究竟在哪里。有些时候，我们找到了正确的方向，距离实现理想越来越近。而有些时候，在我们开始行动以后会发现我们前进的方向与理想南辕北辙。距离实现的目标越来越远，这的确是一件让人灰心丧气的事情。但是，距离理想越来越远，不代表我们没有找到正确的方向，也不代表我们错了。理想所在的方向是固定的，而我们所走的道路却不是透明的。在我们的面前，有着大量的阻碍，有些时候，最近的道路不一定就能走得通。

    与现实相悖，并不代表你错了，并不代表你距离理想越来越远。在真正抵达目标，真正实现理想之前，总是有着各种各样的障碍。这些障碍所展现的样子各不相同，有些会告诉你，你已经距离目标越来越近了，而另外一些则会告诉你，你走了一条错误的道路。困难和障碍反馈给你的信息未必就是正确的，所以，我们要做的不仅是坚定自己的理想，还要自己加以判断。当然，最难的事情就是判断自己和理想之间是否有着不可逾越的障碍。

想要做出正确的判断，并不困难，马斯克正是靠着这样的本领让自己的身家超过了 200 亿。

首先，要想好实现理想的最佳状态。理想是有一个最终状态的，达到这个状态是我们不懈努力的结果。但是，大多数人在设想自己理想的时候，只有一个大概的轮廓，缺少细节。因为产生理想的时候，距离实现理想实在是太过遥远了。事实上，一个清晰的理想，加上一些完善的细节，才能够让你判断自己距离目标还有多远。

当马斯克创建 PayPal 的时候，就已经明确了目标。PayPal 想要从传统银行的蛋糕中取走一块，那么就必须要有大量的用户。为了实现这个目标，马斯克无所不用其极，甚至使用了直接为用户发钱的办法。当马斯克创建特斯拉的时候，就坚定不移地要彻底使用电力作为能源，而不是使用油电混合这种更简单的妥协方法。当马斯克想要将火箭用最低的成本送上天的时候，他就打消了从其他地方购买引擎的想法，因为只有自己制造引擎才能有效地降低发射成本。马斯克创立的几家公司在最开始的时候都是不断地亏钱，看似距离盈利的目标越来越远，但是马斯克知道，一旦他到达了目标，达到理想的状态，就会获得巨大的利益。

其次，步步为营，将最终目标作为参照。理想之所以伟大，是因为大多数人不可能一蹴而就地实现自己的理想。许多人穷尽一生没有实现自己的理想，不是因为他们没有能力，而是他们走错了路。在他们全身心地投入到一件或者几件事情中，或者是解决了来自生活的麻烦，来自命运的阻碍以后，猛然间发现自己已经走在另一条路上了。想要避免这种情况，最好的办法就是在达到理想的道路上，步步为营，设定一些小的目标。就如同汽车拉力赛上的检查点一样，每一个检查点都能保证赛车手们不会偏离自己的路线太远，即便是有偏离，在一段时间内没有抵达检查点，也会发现自己走错了路。

最后，分清主次，别被路上的风景遮住了眼睛。通往理想的道路上，不仅有困难和阻碍，也会有美丽的风景。这些风景有些特别迷人，甚至可以让人无法避免地沉湎其中。但是，我们一定要知道自己的理想是什么，自己的目标是什么。虽然这是一个凡事都讲究多元化的时代，但是我们不能失去我们最初的理想，也不能丢失我们的根本，不然最终可能一无所有。

雅马哈公司是一家神奇的公司，这家公司经营的产品包括乐器、网络产品、体育用品、厨房卫浴、发动机，等等。但是，雅马哈公司是以制造乐器起家的，并且这一直是雅马哈公司最为重视的项目。因为，雅马哈公司知道，不管公司在其他领域里取得了多少成就，制造乐器是雅马哈公司的根本，而制造最有感染力的乐器则是公司的理想和目标。

马斯克也是如此，他从小的理想就是改变这个世界，让人类有一个更加美好的未来。如果他在卖掉 PayPal，收获了大量财富的时候，就被财富迷住了双眼，开始尽情地享受生活，那么就不会有 SpaceX，也不会有特斯拉。

通往成功的道路有千万条，有些路能够走得通，有些路则无法走通。但是，那些能够走通的路不会直接摆在你的面前，而那些无法走通的路也不会有指示牌告诉你。要记住，即便有些情况看起来和理想相悖，也不代表你走错了路。

④

不持久的理想永远都无法实现

理想能被实现，不仅是因为自身的努力，坚强的意志力和出色的才能。更多的时候，理想的实现是因为这个理想成为了持久的理想。如果理想不能够持久，那么前进的方向就会发生变化，这个理想也就成为了永远都无法实现的理想。

埃隆·马斯克的理想是什么呢？从现实的角度来说，他想要让这个世界上能够使用的能源越来越多，让人们对地球的伤害越来越少，让人类可以离开地球，到火星上，甚至宇宙的其他地方去生存。那么，从一个更加长远的角度来看，马斯克的理想就是让人类可以长久地生活在这个世界上，即便是需要离开这个养育我们的星球。2018年2月9日，马斯克将特斯拉生产的汽车送上了太空，并且准备将其回收，这件事情让马斯克的理想距离实现又近了一步。

马斯克的成功不仅是他一个人的成功，对于全人类来说都有非凡的意义。在 SpaceX 出现之前，全世界拥有太空回收技术的只有中国、美国和俄罗斯。一家私人企业，能够达到如今的目标，可谓是非常惊人的。SpaceX 的技术并非是从其他地方购买而来，几乎是公司里的工程师一手完成的。在这个时候，马斯克站在了硅谷的巅峰，站在了个人科技公司的巅峰。

马斯克成功的秘诀，或者说越来越接近理想的秘诀，无非就是他将自己的理想长期地坚持了下来。不管他说的是真是假，是否从儿时就怀抱着为全人类担忧的想法，总归他正在这样做，并且至今仍然没有改变目标，没有因为人们的质疑，没有因为公司发展得不顺利而放弃。

漫漫人生路，说长其实只有短短百年，其中去掉成长的阶段，去掉老去的时光，真正能够被有效利用的时间并不多。在这段时间里，我们能够做些什么呢？这就完全取决于我们自己了。只有在设定了目标以后，才能够不断地朝着一个方向前进。条条大路通罗马，通往成功的道路也不止一条。但是在有限的时间里，去追寻无限的成功之路，这是一件非常愚昧的事情。想要成功，那么就专注于一条道路，将这条道路看作是自己唯一能走的路，这样，达成自己的理想就是一件水到渠成的事情。

我们强调达成理想并非是一件困难的事情，但是也要明白，这种不困难，也是建立在明确的准备之上的。如果没有任何准备，如同无头苍蝇一样撞向一条注定不会走通的道路，那么短短的一生面临的只是绝路而已。

那么，想要树立起长久，并且正确的理想，需要考虑哪些问题呢？

首先，长久的理想是要脚踏实地的。马斯克的理想是让人类走出地球，到太阳系、银河系，甚至是更远的地方去，这个想法是非常脚踏实地的。早在阿姆斯特朗成功登月以后，人类离开地球生活这件事情就已经是可以实现的事情，只是时间问题。马斯克所做的这一切，就是希望能够将这一天提前，在他在世的时候实现。

我们设立一个长久理想的时候，要脚踏实地。有些人的理想虽然远大，但却是天方夜谭，几乎是不可能实现的。有些就更离谱了，直接违背了自然规律。马斯克小时候也有类似的想法，例如制造永动机。但是当他长大以后，懂得一些科学道理之后，就再也不提永动机的事情了。

其次，儿时的理想未必要当成长久的理想。人类的寿命在自然界中是相对较长的，因此人类的成长周期也与其他的动物不同。这就导致了，人的理想总是在不断地变化。人生的每个阶段，都可能会产生不同的理想。这个理想或许是能够轻易实现的，或许是难以实现的，但是总归是在不断变化的。这种变化，是不成熟造成的，也是欲望不断变化造成的。

要达成一个目标，必要的学习，长期的努力、奋斗是必不可少的。但是奋斗的方向，却要明确。在真正开始奋斗之前，设定好的理想并不能算数。只有真正开始奋斗的时候，你才能够明白你的理想究竟适合不适合去奋斗，究竟能不能实现。所以，当你开始为生活而努力的时候，才开始设定自己的理想，这样做是最稳妥的做法。

最后，满足需求，不代表放弃理想。想要追逐理想，一个合适的环境是必不可少的。如果每天都为了柴米油盐发愁，那么又怎么会有时间和精力去追逐自己的理想呢？我们可以拥有一个长期的理想，但不意味着我们在任何阶段都要以追逐理想为第一要务。马斯克追逐自己的理想，是在他成为亿万富翁之后，因为只有这个时候，他才具备了追逐理想的条件。在这之前，他创建了 Zip2、X.com，这些都是他满足自己需求，开始追逐理想的铺垫。

我们的理想或许没有马斯克那样远大，所以我们也不一定要成为亿万富翁才开始追逐自己的理想。但是，还是要满足自己的需求之后才开始进行，不要让自己的人生留下遗憾。

想要实现理想，就必须要将理想变成一个持久的理想。任何不持久的理想，都会浪费人生当中的一些时间和精力。这些时间虽然看起来不多，但是人生之中真正做事的时间并没有多少。

⑤

理想的基石——勇气与行动

　　每个想要实现自己理想的人，都在不断地提升自己，不断地为了实现理想而努力。不过很多人即便是已经拥有了足够的才能，或者遇见了实现理想的最好机会，却仍然没有朝着理想慢慢靠近。这主要是因为，他们没有找到理想的基石。

　　理想的基石是什么呢？既然被称为基石，必然是实现理想最为需要的东西。才能，并不是实现理想的必需品。有些人的理想是需要才能驱动，有些人的理想是需要金钱驱动，而有些人的理想是需要真诚驱动。真正能够作为理想基石的东西，只有勇气和行动。没有勇气，会在面临选择的时候踌躇，会在困难面前止步，会在需要破釜沉舟的时候退缩。而没有行动，不管多么神奇的理想，多么宏大的计划，多么美丽的蓝图，都是空谈、空想，都是不可能实现的。

埃隆·马斯克，是个从来不缺少勇气的人。在他还是孩子的时候，就被同学欺凌，被殴打，被从楼梯上推下去，他甚至为此做过鼻子的整形手术。即便如此，在他的朋友被威胁的时候，他仍然愿意挺身而出。而他长大以后，一次次地将足够自己挥霍一生的钱投入到实现自己理想的工厂中去的时候，展现出的勇气和儿时别无二致。正是这种勇气，让他越来越接近自己的理想。

而行动，更是马斯克安身立命的根本。每当他有一个好的想法的时候，他都会按捺不住自己心中的激情，马上将其付诸行动。不管是制作自己的第一款游戏，还是在 Zip2 无休止的工作，又或者是他在没有任何准备的情况下就创建 SpaceX，开始将目标放在太空的时候，都是马上就开始行动。包括现在，当他认为特斯拉需要他去第一线抓生产的时候，他就马上搬进了工厂。当他想到猎鹰 9 号可以用气球进行回收的时候，他就马上命令手下的工程师开始研究这项技术的可行性。

不管是勇气还是行动，都是成功必不可少的品质，都是达成理想的基石。踌躇不前，即便给你一座金矿，你也只会在别人占领金矿以后才想着走进去。马斯克的前辈，硅谷的第一代"花花公子"拉里·埃里森就是凭借着自己的勇气和行动开创了甲骨文。当他从 IBM 工程师的口中听到一种全新的数据库技术的时候，想的并不是慢慢研究，看看这种技术是否适应市场，而是马上行动，将这种数据库制作出来。如果不是他抢先一步，恐怕也就不会有甲骨文这家公司了。

人们都知道苹果手机，知道苹果公司是史蒂夫·乔布斯一生最大的成就，是乔布斯用来改变世界的工具，但是却很少有人在谈到乔布斯的时候想到，皮克斯这家公司是乔布斯勇气与行动力的展现。当迪士尼的 2D 动画如日中天的时候，皮克斯已经在研究 3D 动画了。没有人看好皮克斯的前景，只有乔布斯拿出钱来投资这个工作室，并且给了皮克斯一个正确的前进方向。这件事情是很需要勇气的，特别是当时乔布斯渴望用自己手中的钱回到苹果公司。即便所有人都不看好皮克斯，不过当《玩具总动员》上映的时候，他们还是被先进的 3D 动画技术震惊了。乔布斯的勇气和动力为他带来了成功，皮克斯为他回到苹果公司提供了很大的帮助。

勇气与行动的重要性是毋庸置疑的，但是并不是任何时候都应该拿出自己的勇气和行动的。更别说，有的时候，你的勇气未必就是真正的勇气，你的行动也不是真的行动。

勇气不等于鲁莽。有时候，勇气需付出代价。任何需要勇气去完成的时候，难免会带着一些孤注一掷的意味，带着一些冒险的意味。也就代表着，如果将勇气释放在一个错误的方向，那么就会造成巨大的负面效果。区分勇气和鲁莽的根本，不在于成功的概率是多少，而是在于知己知彼。充分的调查，对情况的了解，是勇气的后盾和底牌。只有你搞清楚了一件事情，不管成功的概率有多少，都勇于上前的时候，才叫释放勇气。而不管不顾地冲上去，这种情况就是不折不扣的鲁莽。

创建 SpaceX 这件事情，在大多数人眼中无疑是鲁莽的。NASA 的负责人差点就成为了马斯克的合伙人，VectorSpaceSystem 的 CEO 坎特雷尔过去也是和马斯克站在统一战线的。但是，在他们的眼中，马斯克的布局实在是太过鲁莽了。实际上，马斯克并不鲁莽。他并非是在一无所知的情况下杀进航天领域里的。在他成立 SpaceX 之前，已经加入了两个研究太空的爱好者组织，学习了大量航天知识，并且还结识了很多航空领域的科学家。在他对一切都有了一定的了解以后，即便成功的概率很低，他仍然坚定地创建了 SpaceX，这就是马斯克的勇气。

行动同样不可盲目，"三思而后行"这句话是有着非凡的意义。行动必不可少，没有行动只靠空想，那么没有什么是能够实现的。但是在行动之前，思考是必要的前提。只有经过足够的思考，为行动做好规划，那么行动起来才不会迷茫。盲目地行动，只是无谓地消耗自己的力量而已。只有真正将行动放对了地方，才能够保证不断地朝着理想前进。

勇气和行动是成功的基石，是实现理想的基石。如果你觉得自己已经计划得够多够全面了，最终却没有获得成功，那么请反思一下，你是否拿出足够的勇气，是否在需要的时候展开了行动。没有勇气和行动作为基石，即便是有些好运气，让你获得了一些成绩，那么也如同空中楼阁一般，不能长久，也不可能走向成功。

⑥

没有目标的船，走到哪里都是逆风

人活在这个世界上，就如同大海上的小船一样，有风和日丽的时候，有时候也要迎接狂风暴雨。在人们疲惫的时候，需要港湾的温暖与保护，而在精力充沛的时候，就会出发，乘风破浪。但不管什么时候，一个目标总是必不可少的。当我们在大海上航行，扬起风帆的时候，如果没有目标，那么不管走到哪里，都是逆风的。

任何时候，马斯克都有明确的目标。所以，他总是忙于工作，总是能够取得成果。在 Zip2 的时候，他最大的目标就是不断地完善这个网站，不仅可以提高自己的技术，还可以完成最原始的资本积累。他建立 X.com 后，正式开始在金融行业攫取财富。当他有机会获得更多的资金，他毫不犹豫地就卖掉了 PayPal，因为这不是他的目标，特斯拉和 SpaceX 才是。

正是因为马斯克有着明确的目标，不断地扬起风帆前进，才能达到自己的目标，成为一个亿万富翁。

要让自己的船航行得更快，必须要顺风而行，必须要有目标。当马斯克还小的时候，他就知道，他所掌握的最新的知识是让他一帆风顺的顺风，当他成立 Zip2 的时候，他就发现努力工作改善网站的体验是他的顺风，当他成立 X.com 的时候，他发现巨大的用户群是他的顺风。而在他成立特斯拉和 SpaceX 的时候，他发现其他人都没有他拥有的技术是他的顺风。马斯克总是能够掌握属于他的顺风，总是明白他的顺风在哪里。就这样，他成就了今天的事业。

如果我们想要成功，想要找到属于自己的顺风，我们要怎么做呢？以下的几点，就是马斯克掌握顺风的秘诀。

第一，明白自己的工作是以什么为基础的。每个人选择的事业不同，所需要的风向也大不相同。在正确的时候做正确的事情，才能把握风向，这个正确的事情，就是我们在短时间内的目标。

马斯克经手了 4 家市值超过 10 亿的公司，但是这 4 家公司每一家所需要的东西都不尽相同，因此，马斯克在前进的时候总是不断地调整风帆的方向，这样才能一路顺风航行。我们也要如此，当我们刚刚进入一家公司的时候，我们需要的是知识，需要的是经验。当我们积累了一定的经验和知识的时候，那么我们就需要更多的机会了。当机会到来，我们抓住了机会，开始走向更高峰的时候，就需要根据需求来控制风向了。

第二，根据需求提升自我。我们的能力能帮助我们的风帆找到正确的方向，但是根据风向的不同，不断地调整能力强化的方向也是自我提升的重要方面之一。马斯克就非常明白这一点，Zip2 时期的马斯克，追求的是自己技术上的不断进步，而到了 X.com 时期，他就开始寻找如何能够让公司有更多的市场，如何去找到更多的客户、用户。到了特斯拉和 SpaceX 的时候，他开始抛弃技术方面的东西，把重点放在如何协调公司之间的关系，学习如何管理员工，成立一个完美的团队上。

这一点，我们同样要向马斯克学习。不管你是在哪个部门，当你步步高升，不断向上爬的时候，就要根据实际的情况不断地调整自我强化的方向。当你从一个普通职员升职到部门主管的时候，你的工作性质已经发生了巨大的变化，你需要承担更多的责任，那么你就需要更强的能力，需要更多的知识。风向也是会变的，如果一股脑地朝着一个方向鲁莽地前进，那么早晚会遇到逆风。

第三，明确目标，微调方向。明确的目标是航行的重点，但是只有不断地调整方向才能够找到顺风的机会。即便是方向稍微出现了偏差，只要风力足够，那么抵达目标的速度就会快一些。

如今，所有的公司都在向多元化发展，没有人可以肯定，自己的饭碗是铁打的，也没有人可以肯定换个方向挖不出黄金来。当我们确定一个目标的时候，同样需要不断地调整自己的方向。当你在某个领域碰壁的时候，也许可以从另一个方向获得启示。也许，换个方向就会有意外的收获。

第四，原地踏步也好过逆风而行。每个人的人生都有迷茫的时候，站在人生的十字路口，不知道走向哪里，就如同在一片汪洋之上，没有确定自己的方向。在这种情况下，不要轻易地扬起风帆，因为这并不是一个好的选择。不管你多么迷茫，随着时间的流逝，总有一天你会找到自己的目标，选择一条你自己的道路。过早地扬起风帆，谁知道风会将你带到什么地方呢？是距离自己的目标越来越近，还是越来越远？当主动权没有掌握在自己手中的时候，不妨冷静一下。哪怕是在原地，哪怕是暂时停止前进，也不要因为冒失而选择一个错误的方向。

虽然马斯克是个工作狂，但是他该冷静时也很冷静。每当他遇到问题的时候，都会选择度假几天，和家人在一起。他说，如果在遇到问题的时候，做出一个错误的选择，那么马上就会死得彻底。所以，当特斯拉或者 SpaceX 遇到问题的时候，人们就会看到马斯克度假的新闻。这个时候人们就会明白，马斯克很快就会想出办法，找到正确的方向。

找到一个正确的目标，随后扬帆起航，这才是成功的捷径。一味地横冲直撞，不管花费了多大的力气，付出了多少的努力，最终也不会达到目标。

第二章 / 成败原则

从未失败过的人，也是最平庸的人

①

有正确的失败，也有错误的成功

如果以结果论英雄的话，那么成功必然就是正确的，而失败的就是错误的。不过在这个世界上，有些事情并非是那样明显的。一次失败，有可能只是成功路上的一颗石子而已，一次超越平凡的成功，正是无数次的失败积累而成的。埃隆·马斯克所创建的特斯拉，正是由无数个正确的失败积累而成的。

特斯拉最开始的时候很失败。想要让一辆汽车使用电池续航几百公里，并不是一件容易的事情。特斯拉的工程师们将大量的电池粘成一块电池砖，他们成功了，但是这一块电池砖，离发动一辆汽车还差得远。当特斯拉的第一辆车 Roadster 生产出来的时候，他们用的电池超过了 7000 块，一旦电池出现故障，爆炸的程度将是非常惊人的。

想要制造电动车，电池并非是最大的限制，生产汽车，任何一个部件都是非常重要的。特斯拉要制造的汽车和之前的传统汽车截然不同，这就导致了传统的零件制造商没有办法满足特斯拉的需求。不管是材料，还是其他方面的问题，都阻碍着特斯拉的产能。特斯拉产能不足，是人们一直诟病的问题，但是特斯拉却在种种错误中不断地成长，直到之前的努力结出了甜美的果实。在 2012 年的时候，特斯拉推出了成熟的 ModelS，击败了保时捷、宝马、雷克萨斯、斯巴鲁等其他 11 个世界顶级品牌的汽车，成为"美国仍然具有伟大创造力的证明"。

没有一个人，敢说自己从来没有失败过。失败并不可怕，但是这种失败必须是正确的。正确的思路，正确的态度，一切都是正确的，只不过有一个糟糕的结果而已。这样的失败并不可怕，甚至远远不如那些错误的成功可怕。因为，这样的失败能够带来成功，而错误的成功却只能带来一条歪路、一条止步不前的路。

没有任何伟大的成功是没有经历过失败的，爱迪生在发现钨丝可以做灯泡之前失败了 1600 次，有人问他，经历了这么多次的失败，他有什么想法。爱迪生说，这些失败都是有用的失败，至少他知道不能做灯丝的材料又多了一种。硅谷著名的"花花公子"拉里·埃里森，他的成功也是堆积在无数次失败上的。甲骨文公司的数据库，前五个版本都是失败品。拉里·埃里森凭借着自己的三寸不烂之舌，才最终推出了算是能用的第六版数据库。前几次失败是没用的？当

———

然不是，如果没有前几次的失败，他根本就不知道用户真正需要的是什么。沿着 IBM 的脚步走显然是一件轻松的事情，但是对于埃里森来说，那不是他想要的成功。如果甲骨文公司所使用的是 IBM 那样的数据库，那么数据库技术根本不可能发展成今天的样子。

成王败寇，永远是不变的真理，但是一时的成功并非就是最后的成功，只有那些不畏失败、不断前进的人，才能一直保持自己的笑容，才是最有可能笑到最后的人。

在硅谷流传着一个笑话："我在航天领域赚了点钱。"这句话之所以会成为一个笑话，是因为航天业简直是个吃钱的怪兽。即便是有足够的钱投资，航天业能给出的回报实在是太少了。另外，投资航天业风险很高，花费几百万、甚至上千万美元，一次发射失败的爆炸，钱就像烟花一样，随着爆炸的火花与烟雾烟消云散了。

这个在硅谷流传已久的笑话，难道埃隆·马斯克不知道吗？他当然知道，他知道这是一条非常艰辛的道路，他会经历一次次的失败，会在一次次的爆炸中失去辛辛苦苦获得的金钱。甚至有一天，他可能会一无所有。但是，他也知道这些失败是成功的基础。如果没有这些失败，也就不会有未来的成功。一次意外的、侥幸的成功，能够带来的只会是将来更大的失败。SpaceX 第三次火箭发射失败，就与一次错误的成功有着必然的关系。

2008 年 7 月 30 日，SpaceX 在得克萨斯实验"猎鹰 9 号"火箭。这一次实验非常成功，全新的"猎鹰 9 号"在启动后所有的引擎全部点燃，产生了足够的，并且合适的推力。这次实验让 SpaceX 的工程师充满信心，他们将"猎鹰 9 号"所使用的技术运用在了即将发射的"猎鹰 1 号"上，以保证能够成功发射。2008 年 8 月 2 日，"猎鹰 1 号"搭载美国空军的卫星以及 NASA 的几台实验设备，进行了发射。结果全新的引擎在"猎鹰 9 号"上是适用的，但是在"猎鹰 1 号"上所产生的推力却超过了 SpaceX 工程师的想象，巨大的推力让火箭两节碰撞，造成了损坏。

SpaceX 发射火箭，第一次失败是因为配件损坏，导致引擎失火，他们解决了这个问题。第二次是因为燃料罐子没有被固定好，随着燃料的消耗罐子开始胡乱摆动，破坏了火箭的引擎。第三次是因为引擎产生了巨大的推力，导致火箭的两节发生碰撞。这三次失败都是成功的失败，正是因为这三次失败，让 SpaceX 找到了三种他们没有做好的，导致失败的可能性。正是这三次失败，造就了他们的成功。

塞翁失马，焉知非福。一次失败，不一定就是坏事，这次失败有可能只是在为下一次的成功做铺垫。一次成功，也未必就是好事，这有可能是你停滞不前的根源。失败并不可怕，只有那些从来没冒过险，从来没去迎接挑战的人才不会有失败。而真正的天才、真正的成功者，面对挑战只会勇敢地迎上去。

②

平庸者又沿着别人的路走了一步

这个世界上，是伟大的人多还是平庸的人多？这个问题相信每个人都能毫不犹豫地回答出来，自然是平庸的人更多，伟大的人少一点。平庸的人沿着伟大的人所走出的道路前进，这是非常安全的。但是，平庸的人，按照别人的道路前进，永远体会不到第一个攀登上世界之巅的感觉。敢为天下先，这不仅是一种勇气、一种冒险精神，更是一种一往无前开拓的勇气。只有敢于走出一条属于自己的道路，实现自己目标的人，才能真正地成就伟大。而埃隆·马斯克，毫无疑问是想要成为一个伟大的人的。

在整个硅谷都不看好互联网的时候，马斯克毅然地提出了电子银行的概念，随后创建了 PayPal。在所有的汽车行业巨头都故步自封的时候，马斯克创建了特斯拉，制造出了全新的环保智能汽车。即便在太阳能行业，马斯克也走在了所有人的前面。虽然他不是提出将太阳能作为一种所有人都能利用的新能源的人，但他却是第一个真正打算将这件事情实现的人。

成为一个平庸的人还是成为一个伟大的人，面对这种选择，任何一个人都会毫不犹豫地选择后者。成就伟大并不是一件简单的事情，想要成就伟大，最基本的一点就是要迎难而上，投机取巧的人是永远不会被人们所铭记的。平庸的人，只会沿着其他人走过的路前进，他们永远都无法找到属于自己的那片美丽的风景。

马斯克带领特斯拉走上一条通往伟大的道路，那些想要借着这条道路抢先登顶的平庸之人数不胜数，知名汽车设计师菲斯克就是其中的一个。宝马、奔驰、阿斯顿马丁都邀请菲斯克帮它们设计限量版的汽车。当菲斯克得到马斯克邀请的时候，不知道他是怎样的心态，完全推翻了特斯拉汽车之前美丽的流线型设计，拿出了一个丑陋的作品。

作为设计大师的菲斯克发挥失常？当然不会的，没多久菲斯克就成立了自己的公司，推出了新型的混合动力车。这辆车的设计即便是世界上最挑剔的花花公子也找不出什么毛病。菲斯克以一个设计师成立自己的公司不是没有理由的，特斯拉的出现让所有人对环保汽车的关注大大地增加了，趁着特斯拉吹起的东风，利用难度较低的混合动力技术，再加上交给特斯拉的丑陋设计以及为自己保留的精妙设计，一举超过特斯拉也不是不可能的事情。特斯拉还因为这件事情对菲斯克发起了诉讼，但是败诉了。

如今，菲斯克的发展状况大家有目共睹，油电混合动力的路线并没有那么好走，因为当时想用油电混合技术击败特斯拉的还有众多的汽车大厂。即便当时有无数的人不看好特斯拉，但是勇于创造自己道路的特斯拉却始终屹立不倒。

无数的平庸者试图走别人走过的道路，去抵达顶峰，这固然是一种获得成功的方法。但是，他们到达顶峰以后却只能看见前人留下的足迹，而面对另一座高峰则束手无策。而那些到达了顶峰的人，是不会满足于目前的成就的，他们会不断地努力，去攀登一座又一座的高峰。

埃隆·马斯克在特斯拉取得一定的成绩以后，并没有停下他的脚步。在他未来的蓝图当中，特斯拉汽车不过是其中比较容易实现的一部分而已。对他来说，真正的高峰还在前方。正是他登上一座高山，又将目标瞄上了另外一座高山的精神，才让他不满足于现状，不断地开拓全新的事业。

2018 年 3 月 29 日，埃隆·马斯克的新产业再次在全球范围内引发了轰动。他表示，之前投资的 Neuralink 公司将进行脑机接口的动物实验。脑机接口，简单来说就是用大脑和身体的其他部分组成通道，可以用人为的方式绕过神经，直接控制身体的其他部分。如果埃隆·马斯克的公司能够在这方面取得成果，那么将给无数残障者带来福音。想象一下，如果能够绕过神经直接对肢体发出命令，那么不管是对瘫痪病人，还是对那些使用假肢的人，都是恢复正常生活的最佳途径。脑机接口也就成为了埃隆·马斯克继环保汽车、太阳能技术、航空领域、管道地铁等未来科技当中又一项惊人的事业。

平庸者与真正的成功者区别在哪里？从目的上来看有着截然的不同。马斯克在特斯拉汽车产能低下，却在世界范围内炙手可热的时候，为特斯拉的汽车定了一个相对较低的价格。SpaceX 公司火箭的发射价格，更是全球最低。太阳能技术在为用户进行家庭改造的时候，首先要做的就是评估客户的家庭究竟是使用电作为能源更划算还是太阳能。这一切都说明了，马斯克在做这一切事情的时候，并不是以利益为第一标准。他所做的一切，都是为了能够帮助更多的人，甚至可以说是为了让这个世界变得更好。而那些平庸者呢？只会走开拓者走过的路，借着这个机会追求自己的利益。

如今，不仅是菲斯克，奔驰、奥迪、宝马等世界顶尖汽车制造公司也都推出了自己的全电动车。每次有新的汽车发布，特斯拉都不免被拉出来批判一番。实际上，不仅特斯拉面临着各方面的挑战，SpaceX 也有着蓝色起源这样强大的竞争对手在背后追赶。不过，相信埃隆·马斯克是不在乎这些的，毕竟在这个世界上还有无数的高峰等待着他去攀登。而跟在他背后的平庸者，不过是踏着他走过的路又走了一步而已。

③

一次失败就一蹶不振的人，永远不能成功

关于失败，我们听过太多励志的话，但是人的情绪总是难以控制，当遇到失败的时候，巨大的沮丧、令人难以忍受的挫败感会不断地蚕食我们的内心、我们的斗志，最终一蹶不振。但是失败并不能阻止一个人，失败是最能够考验一个人意志的试金石，如果仅仅一次失败就一蹶不振的人，注定不能成功。

2018 年 4 月 16 日，美国消费者新闻与商业频道报道，特斯拉的最新车型 Model3 将会停产，这对本来产能就严重不足的特斯拉来说简直是雪上加霜。马斯克马上采取行动，调整生产方式，将自动化生产转为以人工生产为主。这不是马斯克第一次面临这种问题，从特斯拉刚刚生产出一款产品的时候，就不断面临这种问题。特斯拉在不断成长，但是却始终不能达到消费者和投资人的要求。特斯拉每一次被唱衰，对于马斯克来说都是一次失败，他是个无比骄傲

的人、无比自信的人，喜欢将一切都掌握在自己手中。即便如此，他还是坦然面对了一次次的失败，不断寻找失败的原因，并且提出解决方案。

每个人都向往成功，因为一次巨大的成功就能够彻底扭转一个人的命运。成功并不是一蹴而就的，并不是一次灵感的迸发，而是日积月累，不断前进最终所能达成的目标。由此可见，成功本身就不是人生中的常态，失败才是。正因为如此，成功才如同彩虹一般美丽，才像流星那样会吸引每个看见的人的眼球。也正是因为如此，人们才会不停地追逐成功，将一次伟大的成功作为人生终极的目标。

成功如此难得，而失败又如此普遍，那么我们就应该明白，面对任何一种失败，都应该以平常心来看待。失败本身并不可怕，失败之后的一蹶不振才是最可怕的。如果因为一次失败就停下脚步，那么说明你对自己根本没有信心，你对你的目标也没有太多的热情。自信和热情，是成功的重要因素，失去了这两点，那么想要成功恐怕真的要听天由命了。

命运要掌握在自己的手中，听天由命永远不是出路，埃隆·马斯克从来没有被失败打倒过，哪怕已经被逼到了绝境。在他失去PayPal公司CEO位置的时候，他没有恼羞成怒，也没有一蹶不振，而是积极寻找自己被自己的公司赶下台的原因。而在特斯拉的时候，他不断寻找一条适合自己的道路，即便是处处碰壁，但只要一次成功，他就可以完全翻身。SpaceX 是他面对的最危险的情况，几次火箭发射失败，掏空了他所有的家底，如果不是火箭发射成功，如果不是 NASA 的一批订单最终落在了 SpaceX 的手里，那么今天，我们所能看到的恐怕就只有特斯拉或者 SpaceX 其中的一家了。别说失败，哪怕是绝境也不能让马斯克低头，正是这种精神让现实中的"钢铁侠"马斯克打造出了如今的商业版图。

失败会带来逆境，而不能从逆境走出就会迎来绝境，处于绝境的时候，如果还是不能成功，那么你还会选择坚持下去吗？在这种情况下，放弃也是无可厚非的，不会有人指责你，毕竟你已经努力过了。但是你甘心吗？甘心做一个失败者吗？被失败阻止，这只是给其他人的交代，而对自己，失败并不能成为放弃的理由。放弃，就证明之前所付出的一切努力全都付之东流，全都白费了。

当乔布斯被赶出公司的时候，他不断地寻求重新回到苹果公司的机会。事实证明，没有乔布斯的苹果是不行的。如今，苹果公司仍然在乔布斯开创的道路上继续前行着。当拉里·埃里森不断地改进他们的数据库软件，但是却一次又一次失败的时候，他耐心地安抚客户，希望客户能够再给他一次机会。你能想象这个狂妄的老花花公子对人低头的样子吗？他就是这样做的，因为他不想放弃。当微软被指控垄断时，比尔·盖茨没有选择放弃，最终在做出了一定的让步后与法院达成了协议。当推特面临着巨大的压力，险些破产的时候，埃文·威廉姆斯没有选择出售推特给 Facebook 换取 5 亿美元，这才有了如今推特几百亿的市值。

　　成功就是如此，不管你面对多少次失败，只要你没有放弃，你就还有成功的可能。但是如果哪一次失败阻碍了你，你选择了放弃，你选择了将未来的成功转化成为眼前的利益，那么成功就已经离你而去了。

　　任何时候，都要记得成功不是那么简单、那么容易的。一次失败，不过是人生道路上一块小小的绊脚石。如果一块小石头，就能把你绊倒，并且不能够再爬起来，那么你对成功的渴望也就是那么一点点而已。不想要成功的人，又怎么能够成功呢？只有你无时无刻都将成功当成是你最重要的事情，当成你最重要的目标，那么你在被绊倒，在遭遇小小的失败后，不会有挫败感，不会沮丧，甚至连注意都不会注意一下，就继续前行了。当然，无视失败也不是一件好事，因为任何失败，都不是无价值的。

④

在失败中寻找价值

想要成功，就要能够承受失败，不要认为失败的唯一价值就是打击你、阻挠你，失败也不完全是毫无用处的。在这个世界上，只要是存在的东西，就是有价值的，只是这些价值需要我们自己去寻找。如果能够找到，那么就能够发现并且积累有用的资源，以准备迎接成功到来的那一天。那么，在成功之前，不管遭遇什么样的失败，不管遭遇多少次失败，只要我们能够在这些失败当中找到价值，那么就不算是真正的失败。

2005 年 11 月，SpaceX 将需要发射的火箭运送到了夸贾林岛，但是在 11 月 26 日的时候发现一个液态氧气罐的阀门关不上。第一次试发射，还没有正式开始就已经失败了，这导致了第一次试发射延迟到了 2006 年 3 月份。但正是这一次的经验，让 SpaceX 再也没有因为液态氧气罐阀门的问题耽误火箭发射。第一次试发射失败，是因为燃油管上的一个零件没有拧紧，这一次让 SpaceX 学到了火箭发射这件事情任何一个小细节都不能马虎。SpaceX 发射失败了多少次？答案是 3 次。在这 3 次失败中，马斯克学到了无数的经验，SpaceX 学到了无数的东西。第三次发射失败的时候，SpaceX 的很多员工流泪、崩溃了，他们为了成功发射付出了太多。最终，他们成功了，他们迎来了胜利的果实。

飞马火箭发射了 9 次，其中有 5 次是失败的。阿丽亚娜火箭发射了 5 次，有 3 次是失败的。阿特拉斯火箭发射了 20 次，成功的只有 9 次。SpaceX 发射了 4 次，成功了一次。或许每个人在遭遇失败的时候都有着充足的信心，但是不是每个人在遭遇失败的时候都能从中找到有价值的东西。如果失败者能够及时吸取经验教训，那么他们就不会一次又一次地失败了。

失败中有着丰富的价值，这些价值不仅可以帮助你获得成功，有时候还会给你意外的惊喜，但前提是你要学会从失败中找到它们。可口可乐公司成立于 1886 年，可口可乐上市不久就成为了世界上最受欢迎的饮品之一。如今，世界上有 17 亿人是可口可乐的消费者，全世界平均每秒钟就有 19400 瓶可口可乐被卖掉。看着这辉煌的成绩，有谁能够想到可口可乐最初不过是个失败品呢？当可口可乐最开始被研发出来的时候，是当成止疼药用的，实际上，即便是最初的可口可乐也没有治疗头疼的效果，但是它的味道却征服了每一个喝过它的人。

不锈钢制品如今已经成为人们生活中不可缺少的一部分，而不锈钢最开始却是从垃圾堆里拿出来的。英国科学家布雷尔利在第一次世界大战时期，接到了英国官方的命令，要求他制作一种金属，用来改进容易磨损的枪膛。他将不同的金属融合到一起，形成了一种新的合金，但是这种合金缺少韧性，明显不能成为做枪膛的材料，于是布雷尔利就将这些金属扔进了垃圾堆。一段时间以后，他发现垃圾堆中有东西在闪闪发光，他拿出来一看，正是那种新的合金。经过测试，这种合金耐腐蚀，性质稳定，非常适合拿来制造餐具，于是就有了不锈钢制品。

上述两个并不算极端的例子，在失败中诞生出极有价值的东西绝非只有这两种。在我们的生活中，失败或许不会给我们丰厚的回报，但是能够给我们有价值的东西。如果我们能够找到失败的原因，那么下一次我们就能够避开一种失败的可能。如果我们能够因为一次失败而证明我们现在前进的方向是错的，那么我们就知道应该换个方向，不能朝着这个方向继续走下去。即便我们从失败当中什么都没找到，那么起码我们知道了，这样做是有失败的可能的。

即便特斯拉由马斯克领导，仍然问题不断，不管是自动驾驶方面的问题，还是特斯拉的产能问题，都是钳制特斯拉发展的重要问题。这些问题，带给了马斯克更多的东西，让马斯克找到了更多的价值。而 Model3 产能不足的问题，让马斯克明白，自动化生产未必就比人工生产快。这两次的失败，让马斯克找到了解决问题的方法，相信特斯拉会在短时间内得到改善。

成功具有价值，失败同样具有价值，只是看我们有没有仔细去寻找。当你失败的时候，不要垂头丧气，不要沮丧。你要学会去探查失败的废墟，去寻找废墟中隐藏的宝物，这些宝物会给我们意外的惊喜。

5

承认失败和过于爽快地承认失败

失败是常见的，比成功更加常见，是任何一个人都无法避免的。但是人们对于失败的态度决定失败所能造成的最终影响。承认失败并不可耻，在我们的人生当中，只有学会承认失败才能够不断成长。

承认失败，这是人们走向成熟不可忽视的一步，而成熟则是迈向成功不可忽视的一步。埃隆·马斯克，正是通过承认失败，向所有人宣告了他的成熟。马斯克挖到第一桶金是出售 Zip2，那个时候，他还是个单纯的技术人员。公司的运作、销售是由他的哥哥和其他工作人员完成的。在成立 X.com 的时候，马斯克还不是很成熟。那个时候的他争强好胜，一个 CEO 的位置对他来说就是最重要的。正是因为他的不成熟，导致了 PayPal 发展得并不好，他最终也被赶下了 CEO 的位置。

熟悉马斯克的人，都认为马斯克回来以后会在公司中掀起一番腥风血雨，新任 CEO 也做好了承受马斯克报复的准备。马斯克没有报复，甚至没有任何行动，他用短短几天的时间去思考，他做公司的 CEO 有什么好处，而他不做的时候公司运转得如何。最终，他觉得自己不当这个 CEO 可能对 PayPal 更好。他偃旗息鼓，向所有人宣告，埃隆·马斯克真正地成熟了。

承认失败，意味着理性思考的能力得到了提升。承认失败并不是一件容易的事情，这意味着自己宣告自己过去的努力全都付诸东流，宣告着自己的能力还不足以去完成这件事情。这对一个野心勃勃的人来说，无疑是非常沉重的打击。但是，面对糟糕的局面，还强撑着认为自己没有失败，还要将更多的精力、时间和金钱投入进去，这是得不到任何回报的。只有坦诚地表示自己失败了，愿意放弃过去，重新开始，这才是正确的选择。美国一位著名励志大师就是这样做的，他的生意失败以后，变卖了一切坚持，不肯破产。几年以后，他终于还清了所有的债务，却发现几年之前和他境遇相同的人，早就东山再起了。

承认失败，意味着勇气的提升。只有拥有足够的勇气，才能够宣告失败。在人生的道路上，很多一路顺风顺水的人，不要说承认失败，在他们遭遇逆境的时候想要做出改变都是一件非常困难的事情。过去的辉煌，过去的畅通无阻，不代表未来。

第二章

成败原则：从未失败过的人，也是最平庸的人

——

承认失败和过于爽快地承认失败完全是两回事，承认失败需要勇气，需要思考，因为这是一种巨大的痛苦。而承认失败这件事情如果可以在非常爽快的情况下完成，那就说明这个失败并不痛苦，那么失败也就是理所应当的事情了。

过于爽快地承认失败，说明付出的并不多。失去的痛苦，主要源于失去了多少。如果承认失败并不痛苦，那就说明你没有为成功付出太多。没有付出就没有回报，更别说成功了。

过于爽快地承认失败，不仅意味着投入不够，更说明缺少热情。人们热爱自己的事业，珍惜自己的时间和精力，这是一个非常普遍的现象。那些成功的人，即便是自己的计划尚未开始行动就被宣判是不能成功的，都会心痛不已，更别说在事业已经开始以后宣告失败。过于爽快地承认失败，这不仅是承认了自己的失败，更是对自己的一种解脱。说明这件事情的失败是在意料之中的，甚至是故意为之的。过去热爱的事业，变成了一件让自己不堪重负的事情，这并不是一个对成功充满热情的人应该有的表现。

那么，承认失败和爽快地承认失败，在表现上具体有哪些区别呢？

第一，承认失败在没有必要的情况下，不会高调宣布。承认失败，是对自己能力的否定，是一种尴尬的耻辱。在这种情况下，是不会高调宣布的。而爽快地承认失败则不同，那些爽快承认失败的

人，会想要告诉所有人，这件事情失败了，就好像这件事情不是自己做的一样。

第二，爽快地承认失败不代表彻底的放弃。爽快地承认失败，是一种非常草率的行为，很多时候事情刚刚出现颓势，还不能确定不会峰回路转的时候就放弃了。这种行为是非常不负责任的。

第三，承认失败，不代表一蹶不振。当你陷入泥潭当中，无法自拔的时候，当你的整个路线已经背离了成功，渐行渐远的时候，不妨选择放弃。这种放弃不代表彻底的失败，也不代表放弃了成功，只不过是重新选择一条道路，再次踏上征途而已。爽快地承认失败是截然不同的一种状况，这种情况之下目标就不是成功。因为这样、那样的理由被迫踏上了追逐成功的道路，随后就迷失其中。对于这种人来说，再鼓起勇气踏上追逐成功的道路，就非常困难了。

我们可以失败，我们需要承认失败，但是我们不能爽快地承认失败。

第三章 / 第一性原则

抛弃理所当然，探究事物根本

①

马斯克眼中的"第一性"

当我们来到这个世界的时候，是一无所知的，是一种懵懂的状态。但是，随着我们逐渐成长，或是在家庭，或是在学校，我们能够学到很多的道理，例如下雨在外面就会被淋湿，不吃东西肚子就会饿。这是自然界的规律，也是人类不断总结积累的生活经验。但是，有多少人想过，这些看似理所应当的道理，背后的原因是什么呢？这就涉及了"第一性"原则。人们越来越多地探究到了自然的根本，寻找这个世界的真理，"第一性"所需要挖掘的东西，如今已经远远不限于打雷下雨、吃饱了不饿这些简单的情况了。

2018 年 3 月，对于马斯克来说是非常难熬的一个月。在这个月里，ModelX 发生严重的车祸，特斯拉被调查。Model3 继承了特斯拉其他车型的一贯弱点，产能上不去。与蒸蒸日上的 SpaceX 不同，特斯拉逐步陷入深渊。穆迪评级公司下调特斯拉的信用评级，特斯拉的股价暴跌，ModelS 被大量召回。可以说，整个特斯拉都乱成了一团，而埃隆·马斯克在愚人节的时候假装自己破产了，或许这是一个玩笑，但实际上，特斯拉如果继续这样下去，相信离破产也不远了。在这种情况下，马斯克要如何解决这些问题呢？

只要抓到第一性，就能够解决眼前的危机，就能够从根本上找到解决问题的方法。对于特斯拉面对的种种危机，马斯克的选择是亲自去抓 Model3 的生产问题，提高产能。不管是 ModelX 的车祸事件，还是 ModelX 的大量召回，还是股价断崖式的暴跌，其根本都是特斯拉公司的新产品不能够给人们信心，客户没有信心的原因是付了订金以后迟迟不能到货，而股东们更是因为产能不足的问题不相信特斯拉能够重新崛起。事实上，马斯克很快就将特斯拉的产能提升了一倍，并且承诺到年底的时候会将产能提升到之前的四倍。特斯拉有了这样的表现，股价很快就得到了回升，人们也开始重塑对特斯拉的信心。

第一性，就是根本，就是最重要的事情，就是一切问题的根源。我们在生活当中只要能够找到问题的第一性，那么所有的问题就将迎刃而解。找到我们面对问题的第一性，就成为了解决难题、脱离困境最重要的因素。一位大龄未婚又渴望爱情的女士，一直对自己的身材不满意，当有人问她为什么不赶紧减肥，找个如意郎君，她说自己缺少动力，有了男朋友以后肯定会减肥的。在这个困境当中，第一性就是减肥，不减肥就找不到男朋友，而不是找到了男朋友才减肥。

　　许多企业在崛起的时候都面临着什么才是企业的第一性的问题，小米公司在刚刚做手机的时候，就有过关于硬件和软件哪个更重要的讨论。那么，究竟哪个更重要？显然是软件。MIUI 的出现本来就早于小米手机，而小米手机能够热卖也始终与人性化的 MIUI 脱不开关系。正是这样，小米才始终将做人性化的系统作为第一性来看待。不管在什么时候，小米手机系统的更新速度总是能够让人们满意，最频繁的时候每个星期更新一次。

　　过去 20 年对中国最有影响力的卷烟品牌是哪一个？毫无疑问是红塔山。谁又能想到，当年的红塔集团在中国卷烟厂中是倒数的呢？幸好褚时健来到了红塔集团，他很快就发现卷烟厂面临的困境，除了品牌不够响亮、制作工艺落后外，最严重的就是没有好的原材料。为了解决这个最根本的问题，褚时健出国学习如何种植烟草，并且将种植烟草的技术传授给当地的烟农。正是他的这个决定抓住了第一性，才将红塔集团发展成为过去 20 年里中国影响力最大的卷烟厂。

　　当牛根生离开伊利创建蒙牛的时候，可谓是一穷二白。没有奶源，没有加工厂，只有几个跟着他一起离开伊利的老员工。牛根生明白，现在自己除了技术之外一无所有，于是果断地和其他牛奶厂合作，用技术做资本，租用其他公司的设备。正是因为他明白自己当前面临的困境是什么，解决困境的第一性是什么，才能在一穷二白的情况下建立起蒙牛乳业。

　　相信你也有过被一连串的问题搞得焦头烂额的时候，你也有过感觉陷入了一个巨大的旋涡无法脱身的时候，你也有过感觉前面有无穷无尽的障碍，自己拼尽全力也没有办法解决的时候。那么，真的就束手无策了吗？其实事情并没有那么复杂，这个时候，只要你冷静下来，找到问题的第一性，就能够从根源上解决所有的问题。如果在大量的困难排在你的日程表上的时候，你还要头疼医头，脚疼医脚，一个个地解决，那么首先崩溃的会是你，而不是你面对的困难。

　　人生之中总是有着各种各样的问题，谁又能不陷入几次寸步难行的困境呢？其实解决问题的方法就在我们眼前，只要我们能够像马斯克一样找到问题的第一性，集中所有的精力去解决最根本的问题，那么其他的问题就会像春天的冰雪一样在你面前逐渐消融。

②

抓住核心属性，剥离次要属性

万事万物都有其发展的必然规律，但是这些规律有的可以一目了然，有的却非常复杂。想要了解那些复杂的规律，就必须要抽丝剥茧，剥离那些次要的属性，抓住核心的属性。抓住核心的属性，才能为自己迎来发展，迎来成功。

埃隆·马斯克在开创特斯拉的时候，遇到了无数的难题。特斯拉的车型不管是从设计上，还是从基础动力上，都和传统的汽车大不一样。传统的汽车制造商无法为特斯拉提供配件，这就导致特斯拉汽车的产能始终不能提高，这件事情成了制约特斯拉发展的一个重要因素。当特斯拉名声大噪的时候，许多公司都盯上了环保车辆这个项目，它们遇到了和特斯拉一样的难题，但是它们解决问题的方法是妥协。许多公司因为电池技术不成熟，传统汽车制造商无法提供配件，放弃了生产智能汽车、生产纯粹的电力车辆的想法，转而去生产普通外形的混合动力车辆。

马斯克是怎么做的呢？他明白，特斯拉之所以引人注目，之所以能够在美国的上流社会引领潮流，是因为特斯拉是全新的智能汽车，是纯粹的电力车辆。所以，马斯克没有像其他公司那样选择妥协，他抓住了特斯拉的核心属性、核心价值，他让特斯拉独立制造汽车配件，独立研制更加强大的电池。正是因为这一点，特斯拉才能成为独一无二的特斯拉，没有因为种种困难而放弃。如今，智能汽车遇到的问题已经有了各种各样的解决方案，但是特斯拉已经将所有汽车公司远远地甩在了后面。

做任何事情都一样，只有抓住核心属性，剥离那些无谓的次要属性，才能够做好事情。就如同一首歌，歌词所表达的思想再深刻，旋律不好听，那也不是一首好的作品。虽然互联网的发展，社交网络变得越来越重要，几乎每个人都拥有一个或者几个社交网络的账号。引起这股风潮的 Facebook，就在发展的过程当中遇到了选择。Facebook 作为社交网络的领头羊，对于如何发展、采取什么样的形式发展，成了抉择的难题。

扎克伯格曾经一度想要将 Facebook 变成一个小程序的集合体，最终还是放弃了这个打算，将社交功能作为主要属性，将其他的程序作为次要内容进行发展。事实证明扎克伯格是对的，Facebook 能够超越其他软件，长盛不衰，正是因为这一点。

对于特斯拉来说，马斯克所抓住的核心属性就是电动车，就是节能，就是智能。那么对于马斯克个人来说，他事业当中最为核心的属性是什么呢？其实只要看看马斯克在拥有特斯拉、SpaceX 之后又在哪些领域采取行动就知道了。在马斯克的事业，甚至他的人生目标中，最为核心的属性就是未来。

在 2018 年 3 月底举行的 SXSW 音乐会上，马斯克在他的演讲中说道："世界上有很多可怕的事情正在发生，有很多问题需要解决。很多的事情让你感到痛苦，让你失望。但是生活所需要的不是解决一个又一个让你痛苦的事情，这不是唯一的事情。人们需要激励。"从演讲中，我们不难看出，马斯克已经开始剥离次要的属性，他所抓住的主要属性就是未来，就是那些能够让人类的未来变得更好的东西。

2015 年，马斯克创建了 OpenAI，用来研发人工智能。对于成立这个非营利组织，马斯克是这样说的："这是一个推动人工智能发展的非营利组织，本质上是一个研究人工智能的实验室。这个实验室的作品不会被大企业用来谋取利润。"

2017 年，马斯克成立了 Neuralink 公司，主要研究脑机接口。利用脑机接口，人类可以用大脑直接控制机械，包括义肢、机器人。甚至人们可以通过与机械连接，获得超级视力、超级听力等超越正常人类的感官。

除此之外，还有大家耳熟能详的超级高铁，还有人们津津乐道的太阳城。这些看似零散的公司，如果组合在一起，人们就会发现，马斯克早就找到了他人生当中最想要的东西，最想实现的核心内容，那就是一个全新的未来。

人的一生精力是有限的，时间是有限的，金钱是有限的，能够帮助你的人也是有限的。但是，人的目标是无限的，人的理想也是无限的。想要用有限的资源去实现无限的理想，这几乎是不可能做到的。但是，如果我们集中所有的资源去实现其中的一项内容呢？事情是不是就变得简单多了？剥离那些不必要的属性，抓住核心属性，这样不仅可以节约资源，还节约时间和精力，让你事半功倍。

如果马斯克没有抓住核心内容，那么特斯拉可能也只是众多将混合动力汽车作为新节能汽车的公司之一，我们可能在几十年内都不会看到真正的电动汽车。SpaceX 仍然会是众多国家发射火箭的廉价选择，但是个人花费 500 万美元就能进行的太空旅行可能在一百年内都不可能实现，更别说可以反复使用的火星飞船了。马斯克其他的公司虽然目前还没有什么像样的成果，但是相信在不远的几十年，甚至十几年里，这些公司会带给我们真正如同科幻电影中所描述的那样的未来。

抓住核心属性，剥离次要属性，就如同在漫漫人生路上找寻真

我一样。埃隆·马斯克为他的人生找到了最为核心的属性，希望他
能够为此交出一份合格的答卷。而你，是在追寻，还是已经在为让
自己满意的答卷努力呢？

3

偶然的意外，也是有必然性的

失败者有着不同的失败原因，而成功者成功的原因往往是非常类似的。有人认为，成功是努力加上天才，再加上一点运气，这是没有错的。但是，很多失败的人将自己失败的原因归咎为运气，这就很有问题了。成功虽然与运气有关，但是成功当中的每一次偶然的意外，都不是凭空出现的。这些意外，是经过大量的积累、不断的尝试，最终才出现的。

我们在生活当中、学习当中，甚至是睡前的胡思乱想，都是有价值的。这些东西会隐藏在我们的潜意识里，有些会突然出现，有些则会永远地销声匿迹。那些突然跳出来的东西并非是偶然出现的，那是因为我们潜意识中有关于这个问题的积累，这些积累就是我们生活中出现偶然性的基础。

积累不仅会发生在思想层面上，具体行动上同样如此。美国心理学家做过一个实验，找两组没有打过篮球的大学生作为受试者，两组受试者在经过基础的篮球训练以后，一组被要求每天都要在脑海中做投篮训练，而另一组人则没有被要求。一个月以后，两组进行投篮比赛，结果在脑海中练习过的那一组表现要好得多。

成功者看似偶然的成功，都是有着非常充分的积累的，这并非是理所当然的，足够的积累未必会成就意外，但是大多数看似偶然的意外都是这样诞生的。埃隆·马斯克在 2008 年的时候濒临破产，SpaceX 三次火箭发射失败，马斯克连员工下个月的工资都发不出来。就在他一筹莫展的时候，SpaceX 第四次发射成功了，NASA 这个时候也派下了为空间站运输的订单。正是这个价值 10 亿美元的订单拯救了马斯克，拯救了 SpaceX。很多人说马斯克的运气实在是太好了，如果 NASA 的订单晚一个星期才拿到手，SpaceX 可能已经易主了。事实上，如果没有 SpaceX 不断的努力，没有 SpaceX 大量实验的积累，又怎么有发射成功？又怎么会有 NASA 的大额订单？

2018 年 4 月 20 日，一则令人啼笑皆非的新闻出现在了 GoFundMe 网站上，有 72 个人众筹了 1000 美元为马斯克购买沙发。这并非是作秀，完全是粉丝的个人行为。美国电视台 CBS 为马斯克制作的节目中，曝光了马斯克在特斯拉睡觉的地方。马斯克就睡在他的办公室里的沙发上，沙发的宽度仅仅只有一个枕头的宽度，马斯克也表示，有时候实在不舒服，自己就睡在地上。看过节目以后，粉丝们马上就展开了众筹。粉丝众筹为一个身家 200 亿的富翁买沙发，真是让人哭笑不得，但这件事情从另一个方面说明了马斯克为什么能够成功。

这个世界上是不存在侥幸的，任何一次让人获得成功的意外，绝大多数都是必然会出现的。这并不取决于你当时做了什么，而是取决于你之前做了什么。这是一种因果关系，你过去所做出的努力，虽然在当时并没有为你带来什么收获，但是在以后的某一天，可能会让你出现一次"偶然"的意外。

我们不应该将别人的运气归咎于偶然，也不应该将自己没有这种好运气认为是理所当然。只要你足够努力，有了足够的积累，那么早晚有一天，会有"偶然"降临到你的身上。"偶然"的根本其实是一种必然，当你拨开这层迷雾的时候，你就会发现对手的胜利并非是侥幸，你的失败也并非是运气不好，你所期待的好运气，其实也是努力所带来的。

探寻根源的三部曲

　　抛弃理所当然，去探寻事物的根源，这并非是一件容易的事情。不管是从科学层面还是从哲学层面，都有无数的人为了探寻事物的根源不断地努力。成功者的数量并不多，但是每一个成功的人都能为世界带来巨大的改变。盲目地进行探索，必定会收效甚微。那么，探寻根源需要怎样做呢？

　　埃隆·马斯克在成立特斯拉的时候，就瞄准了根源进行研发。特斯拉的目标是让人类拥有更加节能的车辆，那么其最重要的就是能源部分。马斯克的选择是，用纯电能。在做这件事情之前，马斯克对于汽车的动力进行了全面的考察，在他从太阳城得到了启发以后，认定了纯电能的前景要比油电混合好。而随后，他开始了解想要用电池驱动汽车，究竟要怎样做。最后，他成功了，他将自己所了解的东西成功地构架了起来，找到了合适的人才，将特斯拉发展了起来。虽然现在特斯拉还存在着很多的问题，从商业的角度来说特斯拉还不算成功，但是，我们希望特斯拉成功，希望特斯拉为人类带来一项巨大的变革。

根据马斯克所进行的步骤，我们可以将探寻根源的过程分成三步，分别是考察、认识和运用，这三个步骤都非常重要，可以说是缺一不可。下面，我们就来看看，这三步分别在探寻根源的过程中扮演了怎样的角色。

考察，这一步主要是在你确定目标之前进行的，是摆脱迷茫，确定目标的重要行动。迷茫，任何一个人都会。不管是学习还是工作，总会有找不到目标的时候。成功人士同样会迷茫，但他们和普通人不同的是，他们主动将迷茫提前了。

简单来说，那些获得了伟大成就的人，看得总是比其他人更远一点，普通人在结束了人生的某一段经历以后，会被迫进入迷茫期。而成功的人，在结束人生这一阶段之前，就已经开始思考下一个阶段的事情了。他们有更多的机会、更多的时间去思考。而当他们结束这个阶段以后，迷茫期也过了，这种无缝衔接为他们节省了大量的时间，创造了更多的机会。

埃隆·马斯克所有的事业都是这样做的，他的事业几乎没有空白期。Zip2 刚刚卖掉，他就开始挖人筹备 X.com 了。而 PayPal 还没完成收购的时候，他已经在参加各种新能源、新科技的小团体，准备自己的下一个项目了。

认识，这是一个承上启下的步骤。不管从事哪个行业，在入行之前都要对这个行业有一些认识。在什么都不了解的情况下，认为很有机会，贸然杀进去，只会损失惨重。前几年，房地产业蓬勃发展，有太多的人贸然地冲进去，最终血本无归的。

考察在认识之后，又在运用之前。只有考察过以后，认为事情可行，才会去认识。而只有真正地认识了，才能运用。埃隆·马斯克每次在考察完以后，马上就会去了解认识。很多人表示，自己只是个商人，只知道这个行业能够赚钱，技术方面的事情太过复杂，想要了解实在是太难了。埃隆·马斯克从来不用这个借口，即便他所拥有的几家公司都是高精尖科技的产业，但是他都要先了解该行业的一些基本知识，认为这件事情真正可行才会去做。

探寻根源的最后一步是运用。考察、认识都完成以后，自然而然就能够将其运用。运用是我们最终的目的，不管是考察还是认识，都是铺垫。

考察、认识、运用，这就是探寻根源的三部曲，只要掌握了这三部曲，就能够在探寻根源的道路上走下去。

　　埃隆·马斯克也在自己探寻根源的道路上不断行走着。在 2016 年的时候，他再一次做出了新的突破，将太阳城和特斯拉两个公司合并了起来。这意味着什么？一家能源公司，和一家使用新能源的汽车公司，或许在不久的将来，我们就能看到特斯拉生产的太阳能汽车。如果这个突破真的成功了，那么将给世界带来巨大的变化，温室效应将会大大降低，能源危机也能够被很好地解决。

　　史蒂夫·乔布斯也是这样不断地认识事物的根源的，为苹果带来新生，颠覆手机界的 iPhone 并不是一蹴而就的。苹果公司最开始打算推出的产品并非是 iPhone，而是平板电脑 iPad，但是由于智能手机的兴起，人们都纷纷使用手机听音乐，导致核心产品 iPod 的销量不断下滑，因此乔布斯开始去了解手机行业。在他积累了足够的知识以后，认为原本打算推出的 iPad 缩小以后正是一部极好的智能机，于是就用上了 iPhone。

　　马斯克探寻根源的脚步没有停止，不管是 SpaceX 还是特斯拉，又或者是他其他的公司和产业，都有着非常光明的前景。并且按照马斯克不安分的性格，他并没有打算守着现在的成就度过余生，相信在不远的将来，他会将更多人们过去不敢想象的事展现在人们的面前。

　　我们如果想要获得成功，持续的考察也是非常必要的。人无远虑，必有近忧，如果我们想要走上成功的道路，抛弃理所当然去探寻事物的本源，也必须要不断地考察。你觉得你现在的人生适合你吗？你得到了你想要的东西吗？如果没有的话，那么你可能是考察得还不够。不断地考察，不断地发现新的东西，不断地去认识，不断地让自己拥有更多的知识，成为这个多元化时代最宝贵的多面手，那么你就会找到某个事物的根源，获得令世人瞩目的成功。

⑤

想比别人得到的更多，就要多走一步

探寻事物的根本，这本身就是个非常庞大的命题，很多人在一生之中也未必能够做到探寻到一个事物的根本。或许，探寻事物的根本本身就是一件近乎不可能的事情，我们能够做到的只是不断地接近事物的根本。这对我们有怎样的启发呢？凡事你只要能够比别人多了解一点，那么你就比别人更接近成功一些。接近事物的根本，首先要了解该事物，而想要做到这一点，就必须比别人多走一步。

2018年年初对于马斯克来说是一段非常艰难的时间，在这段时间里，其他公司纷纷将燃油汽车退出市场，越来越多的汽车开始使用新能源，特斯拉独一无二的地位正在被撼动。特斯拉的产品接连出现事故，Model3 的产量不能达到人们满意的水平，特斯拉的股票被唱衰，甚至有人质疑马斯克不应该继续坐特斯拉 CEO 和董事长的位置。公司的一位股东认为一个公司由董事长兼任 CEO，似乎有些不符合常理，特斯拉收购太阳城的选择也被诟病，因为太阳城这几年的情况并不算好，没有盈利，一直在亏损。这个股东在公司董事会内部发起了投票，想要选出一个独立的董事长，只让马斯克担任CEO这个职务。

结果很快就出来了，马斯克笑到了最后，董事会表示，没有马斯克就没有特斯拉的今天，只有马斯克最了解特斯拉公司的情况，如果让其他的董事来担任董事长这一职务，在不了解特斯拉公司的情况下，做得一定不会比马斯克更好。在外界和内部都充满质疑的情况下，在公司的运转并不尽如人意的情况下，马斯克仍然能够坐稳董事长的位置，这就是因为他对特斯拉的了解比别人更多，他比别人多走了一步。

想要了解一件事情，就要多走一步，这是生活中的真理，同样是成功路上的真理。如果你对一件事情的了解程度和普通人一样，那么你又如何超越其他人，走上属于自己的成功之路呢？

25岁的时候你在做什么呢？Salesforce，世界上第一家云服务公司的创始人在25岁的时候已经成为甲骨文公司苹果部门的副总裁。他从一个电话销售员一跃成为公司的副总裁，不是因为他的编程水平有多高，也不是因为他有卓越的管理才能，而是因为他在苹果公司工作过，他对苹果公司比其他人更加了解。

马斯克在私人航天业最大的竞争对手之一杰夫·贝佐斯，25 岁的时候已经成为一家信托银行的副总裁，凭借的是他普林斯顿大学计算机专业的文凭。他的工作主要是管理价值 2500 万美元的服务器，因为那个年代计算机刚刚兴起，他比别人多走了一步，对计算机有着更多的了解。

在 25 岁的时候，扎克伯格已经成为世界上最年轻的 10 位富豪中的一个，有 260 亿美元的身家。能够获得这样的成功，主要是因为扎克伯格在大学的时候因为好玩创建了一个 Facemash 的网站，可以让同学们自己评选他们最喜欢的"Face"。这个网站在同学们的要求和完善下，成为了 Facebook 的雏形。扎克伯格能够成功，因为他比别人多了解一点年轻人究竟想在网络上看见什么，这是他多走出的一步。

25 岁的比尔·盖茨因为 IBM 的首台个人计算机 5150 上搭载了微软公司的 MS-DOS 系统而声名大噪，在短短几个月里，所有计算机行业的从业者都记住了微软和比尔·盖茨的名字。比尔·盖茨能够获得如此巨大的成功，正是因为他比别人多走了一步，他知道 IBM 公司亟需一个新的电脑操作系统，他抓住了这个千载难逢的机会。

在这个世界上，竞争无处不在，不管是和自己的竞争还是和他人的竞争。想要从竞争中脱颖而出，最好的办法就是不断地向前走。

只要能够领先一步，就意味着走在别人的前面，就意味着比别人更早登上顶峰，就意味着更加接近成功，也就意味着能够获得更多的东西。

埃隆·马斯克的成功几乎每次都是比别人多走了一步，他很少面对直接的竞争，这让他一路走得比较顺畅，他需要打败的只有自己。现在，走在他身后的人越来越多了，但是马斯克并不畏惧，因为他始终比别人先走了一步，那些想要取代他的人，并没有那么容易追上他。只要特斯拉的电池管理技术还没有被追上，那么特斯拉就仍然是世界上最好的新能源汽车公司，马斯克的地位是不可动摇的。

向前走一步，就能获得更多，就能看见更多别人没有见过的风景。向前走一步，就能抢在别人前面赢得更多的机会。向前走一步，就能超过更多的人。

第四章 ／

恐惧原则

『敬畏』越多越好，『恐惧』越少越好

(1)

恐惧太多便止步不前，敬畏太少则盲目冲动

恐惧是人类进步的动力之一，人类因为恐惧黑暗举起了火把，因为恐惧饥饿开启了农耕时代。可以说，恐惧是推动人类进步的重要因素之一。人类因为敬畏偶像的力量而拒绝寻找自然的真相，正是因为这种情况，很多自然范围内的东西直到现代才有了进步。但是，在成功的路上，却不完全如此。

埃隆·马斯克在 2015 年创建了 OpenAI，并且与谷歌一起发布了几项关于 AI 的研究规定。很多人质疑马斯克，认为他和谷歌正在将人类推向毁灭，如果有一天，AI 取代了人类统治了这个世界，那么这就是马斯克的错。人类对于 AI 的恐惧，根深蒂固，不管是终结者，还是生化危机，都描述了一个强大的 AI 对人类造成巨大的威胁和危害。但是人类应该因为这件事情停滞不前吗？答案显然是否是的。如果有了 AI，人类就能够解放自己，解放自己的身体，让自己

有更多的时间去做那些喜欢的事情。

埃隆·马斯克没有因为 AI 的强大而感觉到恐惧，相反，他知道击败一个强大的对手最重要的是什么，那就是比对方更加强大。于是，埃隆·马斯克开始进行脑机接口的研究，他说："如果将来 AI 会对人类造成威胁，那么在这一天来临之前，让人类变得更加强大就好了。"恐惧不能让一个想要成功的人停滞不前，他只会不断地寻找办法，让自己变得更加强大，以应对不断前进带来的恐惧。

但是，告别恐惧不代表可以没有敬畏之心。如果没有敬畏之心，那么人们将变成什么样子呢？埃隆·马斯克不是第一个拥有航天梦的富豪，之前有一位好莱坞巨星，将自己的全部身家投入到了航天事业当中，盲目地进行航天实验，火箭发射，没几年，甚至没有等到一次成功，那位明星就耗尽了自己的全部身家。马斯克不一样，当马斯克决定进入航天事业的时候，他首先想到的不是盲目地进行航天实验，进行火箭发射，而是去其他国家购买引擎。虽然交易没有成功，但是他仍然小心翼翼地进行火箭推进器的研究，认真对待每一次实验和自己投入的每一分钱，这样才保证了他在将所有的钱烧完之前获得成功。

人类最大的恐惧来源于未知，想要克服恐惧，就必须将未知变成已知。未知真的那么可怕吗？未必。《黔之驴》的故事就很好地解释了这个道理，你所恐惧的未知，当你小心翼翼地试探过以后，就会发现其实未知未必就是可怕的。敬畏与恐惧看似相似，但其实完全不是一回事，敬畏，与未知无关。我们的敬畏更多是来自已知，只有那些你已经了解了的东西，才能有一种又尊敬，又畏惧的感情。我们已经了解了前面要面对的东西有多么强大，在这种时候不管不顾地冲上去，是不是就显得有些盲目、草率了呢？

恐惧让人止步不前，但是只要能够冲破未知，努力解开恐惧之中的秘密，就能够将恐惧变成动力，成为你领先别人一步的资本。在特斯拉刚刚草创的时候，他们所使用的电池就是个许多电池捆绑在一起的集合体。这样的电池固然能够达到使用标准，但是在一次近乎玩闹的实验中，马斯克警觉这个东西如果爆炸的话，将会产生惊人的爆炸效果，特斯拉用户的人身安全根本无法得到保障。正是在这种恐惧的支配下，马斯克要求特斯拉的工程师务必要研究出适合车辆使用的，成熟、安全的电池。正是靠着这种电池技术，特斯拉才始终保持领先其他汽车厂商一步的地位。归根结底，促使马斯克做出这种改变，克服这种困境的正是恐惧。

马斯克所抓住的核心在于未来，但是他对未来、科学并不是毫无敬畏的。特斯拉可以说是开创了一个先河，SpaceX 也是划时代的公司，马斯克其他几家公司、几项投资，也都是着眼未来的，但是却不是完全开创一个全新的领域。可以说，马斯克明白，怎样才是聪明的成功，怎样的成功才是鲁莽的。有伟人提出了全新的理念，拿出了超前的技术，但是如何将这种东西成功地运用到每个人的身上，这才是真正的问题。人类的科技水平可以说远远超出了每个普通人的想象，这主要是因为那些高、精、尖的技术成本同样是惊人的，是普通人所无法承受的。而马斯克要改变的，正是这种情况。从 SpaceX 发射廉价火箭，再到马斯克在 2018 年 3 月所提出的地球表面旅行，都能够看到他准备将那些离人们很"遥远"的未来真正带到每一个人的身边。

马斯克明白，敬畏能够避免盲目冲动，所以他最开始的时候想要从其他汽车制造商那里为特斯拉的汽车购买配件，他不盲目寻找那些被人们称为未来的领域，而是去寻找那些已经崭露头角但是却始终没有进步的科学技术。但他也明白，恐惧会让人止步不前。正因为如此，他才聘请了汤姆·米勒，设计属于 SpaceX 自己的火箭引擎，才决定由特斯拉自己制造每一个汽车配件，才开始去挑战那些被人们认为会毁灭人类的技术领域。

恐惧与敬畏，看起来何其相似。或许在平庸的人眼中，恐惧和敬畏是一样的。但实际上，不管是源头还是结果，恐惧与敬畏都是完全不同的，只有用敬畏来保证自己的头脑冷静，用恐惧来促进自己不断前进，这样才能一步步走向成功，站在整个世界的巅峰。

②

马斯克的情绪管理法则

人们常说性格决定命运，这反映了你的性格会造成的最终结果。那么，从直观的角度来说，性格究竟决定了什么呢？其实性格直接决定了你在面对不同情况时候所表现出的情绪。而情绪，又影响了你在当下所做出的选择。而我们能否成功，我们的命运，正是这一个又一个的选择所构建的。所以，我们可以说性格决定命运，但是我们也可以说情绪决定命运。

埃隆·马斯克就是个非常擅长情绪管理的人。他本身的性格，通过大多数人对他的描述我们就可以知道。人们叫他冒险家，说明他是个大胆、富有冒险精神的人，美国的媒体称他是花花公子与宇宙牛仔的混合体。而他很少被人们注意的一面是什么样子呢？从他过去的经历我们不难看出，他是个非常顽固，带着一丝傲慢，为了自己的理想不肯向现实妥协的人。可以说，他做的每一个决定都是深思熟虑过的，这正代表了他有良好的情绪管理能力。

　　作为一个冒险家，埃隆·马斯克总是不断地遇到危机，而最艰难的时候是 2007 年到 2008 年。在这段时间里，特斯拉的产能始终不足，大量已经下了订单的客户无法按时收到自己的车，公司每天的费用超过了 10 万美元。SpaceX 第二次发射失败，每次发射失败，都意味着有上百万美元扔进了水里。埃隆·马斯克当时的经济状况有多糟糕，他甚至变卖自己的跑车和其他财产来维持公司的运转。福无双至，祸不单行，在他最为艰难的时候，他的婚姻也出现了问题。他的妻子贾斯汀抱怨在他的身边只能做一个花瓶，永远不会有人注意到她的价值。而马斯克因为公司的事情忙得焦头烂额，连回家的时间都没有。就这样，两个人的婚姻也走到了尽头。

　　谁的一生能够风平浪静不遇到任何波折呢？没有人会受到上帝如此的眷顾。当我们遇到逆境、困境的时候，必须要做好自己的情绪管理。冲动解决不了任何问题，一蹶不振也解决不了任何问题。

　　埃隆·马斯克在 2018 年的时候再次遭遇了危机，特斯拉产能不足的问题迟迟没有解决，车祸事件导致特斯拉的股票不断下滑，有些专家表示，特斯拉的股票已经一文不值了，一些金融界的投资者表示，非常乐于看到特斯拉倒闭，并且认为埃隆·马斯克离破产已经不远了。那么，在这个时候，埃隆·马斯克在做什么呢？愚人节的时候他在推特上发布了一张照片，他靠在一辆汽车上，闭着眼睛一副已经睡着了的样子，手里举着一张特斯拉汽车箱子上的纸板，上面用英文写着"破产"两字。

即便是在最危难的时候，马斯克仍然和大家开玩笑，正是他的这种状态让马斯克破产的流言如同泡沫一样消散了。特斯拉的股票曾一度跌破 300 美元，但是在愚人节之后的一周，股价逐渐回到了 300 美元，并且还有持续上升的趋势。一个人的情绪，一个人的精神面貌决定了他在面临困难的时候会是怎样的态度。如果自己都不能给自己信心，那么还有谁能给自己信心呢？

如果要从马斯克的情绪管理方式上总结出一些有用的东西，那么主要有以下的几项法则：

（1）果断。每个人都知道优柔寡断不好，但是当人们面对问题，需要割舍一些东西的时候，却又总是表现得犹豫不决。如果你不能果断抉择，那么在你浪费时间犹豫不决的时候，问题就会变得越来越严重。所以，我们要学会果断地做出决定，不要优柔寡断。

（2）坚强。马斯克的创业史就是一段不断冒险的旅程，他经历过 PayPal 被收购，经历过特斯拉不断吞钱，经历过 SpaceX 火箭发射失败，更别说在这中间还有一段离婚经历。但是，任何一次失败，任何一段不愉快的经历都没有把他击垮。

（3）自信。马斯克从来不缺少自信心，甚至有些时候人们用傲慢、自大来形容他。即便是那些他不懂的领域，只要他感兴趣，就相信自己能够成功，自己能够做好。他为了自己的事业付出了无数的努力，例如，在 SpaceX，他的身份是管理阶层，是投资人，但是他仍然阅读了大量有关航天技术的书籍，学习了很多专业的技术。他坚信，只要自己想要去做这件事情，就一定能够成功。在他打算成立 SpaceX 的时候，他的亲朋好友都劝说他，不要把钱扔进水里，甚至给他看了大量火箭发射失败的视频，但是他靠着强大的自信心坚持住了，这才有了如今的 SpaceX。

所谓的情绪管理法则，其实很简单。任何的时候，只要坚守住成功最不可缺少的几种品质，那么跨越困境就不是一件困难的事情。

③

越是否认，就越恐惧

恐惧，是常见的情绪之一。生活在这个世界上的人，每个都曾遭遇过恐惧的袭击。不管他的身份地位有多高，不管他有多大的权力，不管他有多少的知识，不管他有多少的金钱，恐惧的袭击是无法避免的。但是，有些人往往羞于谈论恐惧，将谈论恐惧视为一种软弱的表现，他们也很少去正面解决恐惧，任由恐惧的种子在内心生根发芽、在大脑中肆无忌惮地横行。

埃隆·马斯克的人生当中同样面对过恐惧，他小的时候，就面对过死亡恐惧的威胁。当时南非的种族问题非常严重，黑人和白人之间经常发生流血冲突事件，这些事件给马斯克幼小的心灵带来了巨大的冲击。但是，他从来没有过对恐惧避而不谈的心态，而是选择了正面这种恐惧，并且将其转化为动力。

面对恐惧，避而不谈永远都不能解决问题，越是不去寻找恐怖的根源，你就越是害怕。只有勇敢地直面恐惧，才能逐渐地淡化恐惧，最终战胜恐惧。当然，直面恐惧不是一件轻松的事情，那么，埃隆·马斯克是怎样做的呢？

（1）了解你的恐惧究竟是什么。人类最大的恐惧来源于未知。埃隆·马斯克从小就明白这一点，当他感到恐惧的时候，就会去了解自己所恐惧的东西。一旦恐惧的面纱被揭开，那么所谓的恐惧不过是个笑话。小的时候，马斯克和几个伙伴经常在一起玩，他们都非常怕黑。马斯克很快就从书中了解到，所谓的黑暗，不过是一种没有光线的状态，并非是因为在黑暗中隐藏着怪物、隐藏着魔鬼。从那以后，他就不再怕黑了。

（2）自我提升，增加战胜恐惧的力量。有些恐惧是来源于未知，而有些恐惧则是来源于无能为力。没有什么比眼睁睁地看着糟糕的事情发生，却没有能力阻止更难受的了。想要改变现状，想要在糟糕的事情发生之前进行阻止，那么就必须要有足够的能力。不断地提升自我，不断地加强自己的能力，那么当你面对糟糕的事情，面对让你恐惧的事情时，你就有了强大的力量，将问题解决好。

马斯克正在朝着这个方向不断的努力，他所需要克服的恐惧远超常人，他不断地增强自己的能力，创建了特斯拉，创建了SpaceX，创建了太阳城，这些都是他为了克服心中的恐惧而做出的努力。而面对眼前的麻烦，他同样用心。他恐惧特斯拉出现不可挽回的问题，恐惧失去特斯拉，于是就睡在特斯拉的工厂中，解决 Model3 产能不足的问题。他恐惧 SpaceX 不能成功，恐惧自己的梦想连第一步都无法迈出，于是在 SpaceX 成立之初，他亲自面试了每一个员工，从设计引擎的工程师，到公司的保安人员，总人数达 1000 多人。

（3）保持乐观。想要战胜恐惧，最重要的是有乐观的心态，只有保持乐观，充满希望，在面对恐惧的时候才能保持镇定。当特斯拉陷入重重危机的时候，马斯克却自嘲地在愚人节开了个破产玩笑。正是这种积极乐观的心态，使马斯克不管面对多大的危机，陷入怎样的恐惧，都能够保持冷静的头脑，用清晰的眼光去看待事情。

恐惧就像毒蛇一样，侵蚀你的灵魂，毒害你的心灵。所以，直接面对恐惧才是最好的办法。只有勇敢地站在敌人面前，才能战胜敌人。如果连站在敌人面前的勇气都没有，又谈何战斗呢？

④

从恐惧变为自信

恐惧是一种糟糕的情绪，会阻碍人的发展。长期恐惧，会让人畏首畏尾，看见什么都觉得恐怖，看见什么都觉得害怕，最终就会一无是处、一事无成。自信，是成功者必备的一种能力，连自己都不相信，又有谁可以相信呢？缺少自信，即便是成功的机会就摆在眼前，也始终不敢走出那一步，只能在原地打转，更别说走到别人前面，找到没人采摘过的胜利的果实了。

摆脱恐惧，走向自信，最重要的因素就是勇气。马斯克从来都不缺少勇气，这些勇气不仅来自身边那些相信他的人，更是来源于他自己。当他创立特斯拉的时候，不管多么艰辛，他都没有想过放弃。成立 SpaceX 的时候，他将自己大部分的资金投入了进去，让自己退无可退。正是有了这种破釜沉舟的勇气，他才渡过了一个又一个的难关，战胜了一次又一次的绝境，一再地克服阻拦在成功道路

———

上的恐惧。有人问马斯克，他是如何坚持下来并且获得成功的，他回答说："是不成功决不罢休的勇气。"

勇气是马斯克成功的武器，是马斯克前进的基础和动力，如果缺少勇气，那么马斯克在经历常人难以接受的打击，陷入深深的恐惧时，就很难走出来。所有人都觉得马斯克是个无情的人，他刚刚离婚不久就另寻新欢，刚刚失去儿子没多久就马上投入了工作。他所承受的痛苦，人们很少看见，只有他的朋友们知道，每次打击都让他陷入了深深的恐惧中。帮助他走出来，重新获得自信的，就是他无畏的勇气。

勇气，也不是随随便便就能转化成为自信的，其中，最重要的催化剂就是思考。没有思考的勇气并不能称为勇气，更应该称为鲁莽。任何一次破釜沉舟，任何一次充满勇气的突击，必须是深思熟虑之后的。如果没有深思熟虑，那么就无法判断前进的方向，不仅不能脱离恐惧，反而容易走上失败的道路。埃隆·马斯克任何一次破釜沉舟，都是深思熟虑过的。

勇气想要转化为自信，还要有一个准确的方向，而这个方向就是你的信念。信念不同于理想，也不同于梦想，信念是人们在黑暗中可以依靠的一道光芒。没有信念的人，就缺少指引方向的灯塔，会迷茫，会原地踏步。坚定信念，在恐惧的时候不动摇，它会为你指引前进的方向。

勇气转化为自信，最重要的还是行动。只有行动起来，才能知道恐惧是不堪一击的纸老虎。也只有行动，能够让你全身心集中在一件有意义的事情上。

人们在恐惧的时候，所恐惧的往往是恐惧本身。当一个人恐惧的时候，他会逐渐丧失信心，在成功的道路上停下脚步，左顾右盼，甚至有些人，在不堪重负的时候会选择放弃，这是非常可惜的，因为你永远不知道你放弃的时候距离成功还有多远。

那些成功的人，无一不是敢于挑战恐惧，敢于在恐惧的压力下奋斗到最后的。而在他们成功以后，都非常庆幸自己坚持住了，没有在强大的压力下放弃，因为回过头来，他们发现当时距离成功只有一步之遥。

埃隆·马斯克迄今为止的每一次成功都是坚持下来的结果，Zip2 并不是一次没有风险的创业，当时竞争，他差一点就撑不住了，幸好 Zip2 被收购了，这才让马斯克松了一口气。PayPal 的竞争压力来自内部，马斯克失去了 CEO 的职务。SpaceX 在获得成功之前的状况更是不用说，当时马斯克连员工薪水都发不出来，变卖自己的财产远远不能支撑这么一家庞大的公司。所幸的是，马斯克顶着破产的恐惧，顶着失去所有的恐惧坚持到了最后，成为了最终的赢家。

正是这些优良的品质，支撑着马斯克战胜了人生道路上的所有恐惧，让他成为了真正的赢家。如果有一天，你也被恐惧所影响，那么请你想一想，恐惧并不能够伤害你，真正伤害你自己的是被恐惧吓破胆子的自己。

⑤

敬畏他人获得生机，敬畏自己获得进步

人类敬畏这个世界由来已久，不管是面对不能解释的自然现象还是对庇佑自己的祖先，总是带着尊敬又畏惧的态度。随着科学的发展，人们所敬畏的东西越来越少，因为知道的越来越多。人们不再认为风霜雨雪是上天的恩赐，也不再认为雷声是天神的愤怒，地震是地龙翻身。失去敬畏是一件好事吗？显然不是，敬畏是人们在成长的过程中必不可少的东西，缺少敬畏，肆无忌惮地发展，那么难免要走上一条岔路。

埃隆·马斯克始终敬畏着这个世界，敬畏着大自然。他认为人类在破坏环境，缓慢地摧毁这个世界，于是就有了太阳城，有了特斯拉，这些用来减缓人类对地球伤害的企业。在他的眼中，人类同样是值得敬畏的，因为人类改造了这个世界，征服了这个世界，并且还有大量的潜力没有挖掘。于是，世界上有了SpaceX，于是他成

为了 OpenAI 的创始人，并且开始投资研究脑机接口，让人类变得更强大，让人工智能有所束缚。

在我们懂得很少道理的时候，我们敬畏的是那些让我们不了解的东西，而当我们逐渐了解了这个世界运行规律，我们就会发现，人类是更加值得敬畏的。敬畏他人能够让我们获得生机，敬畏自己则能够让我们更加强大。

敬畏他人，听起来似乎是很正常的事情，每个人都有敬畏的人，可能是自己的父母、兄长、老师，或者是伟人。他们的确值得敬畏，但是我们的对手也值得敬畏。最了解你的人往往是你的对手，这句话一点没错。你的亲人，你的朋友，不会花费太多的时间去研究你，而只有你的对手才会想要完全地解剖你，了解你的一切。

所以，你要敬畏你的对手，你敬畏的是一个胜过你的人，你敬畏的是一个无比了解你的人。任何时候都不要心存侥幸，当你看轻对手的时候，对手就会在你不注意的时候给你致命一击。只有对你的对手保持敬畏，保持重视，只有保持对别人的敬畏，才能在竞争中找到一线生机，才能在竞争中击败你的对手。

人们将太多的敬畏给了世界上的其他东西，给了其他人，却很少将敬畏留给自己。如果说这个世界上只有一个人值得敬畏，那么请选择自己。你知道你有多大的潜力吗？你是否知道你将来会获得成功，成为让其他人仰望、站在世界最高处的人？如果你从来没有想过，那么从现在开始思考一下吧。在这个世界上，只要靠自己的努力活着，就不是一件容易的事情。每个人都是独一无二的，都是值得敬畏的。

马斯克是敬畏对手的，虽然他经常批评竞争对手的产品，甚至有些时候还会给对方打上"完全不行"的标签。但他从来没有放松过。不管是在收购太阳城的这件事情上，还是拼尽自己的全力去提高 Model3 的产能上，都能看出来他其实非常紧张，生怕特斯拉失去目前一骑绝尘的地位。

相对于敬畏别人，马斯克将更多的敬畏留给了自己，他始终相信凭借自己的努力，将竞争对手甩在身后并不是一件非常困难的事情。他的天马行空的想法，并不是他的竞争对手能够理解的。在 2014 年的时候，马斯克提出了"超级工厂"计划，而认识到他的对手并没有认识到"超级工厂"的价值，他们鄙视"超级工厂"计划，鄙视马斯克的想法，认为他的异想天开会为特斯拉带来灾难。

敬畏不是示弱，当我们敬畏他人的时候，说明我们了解对方的强大，而当我们敬畏自己的时候，说明我们开始深刻地认识自己。在成功的道路上，总是要有所敬畏的。敬畏他人，能够让自己的双眼不被蒙蔽，能够正视对手，能够警惕对手，使自己在激烈的竞争中立于不败之地。而敬畏自己，则能让自己更自信、更有勇气，更能勇敢地大步向前走。

第五章

竞争原则

将所有竞争转化为自我激励

①

外在压力是内在动力的源泉

生活在这个世界上，无时无刻都要面对来自外界的压力。不管是竞争对手的日渐强大还是来自外界越来越高的要求，都促使着人们做出相应的对策。有的人不知所措，而有的人则化压力为动力，让自己走得更远。

埃隆·马斯克将特斯拉打造成了世界上消耗最多锂电池的公司，即便如此，马斯克仍然觉得电池不够，锂电池的生产速度已经成为制约特斯拉产能的主要因素。早在 2014 年的时候，马斯克就计划，让特斯拉成为像宝马那样的公司，一年售出的汽车数量超过 50 万辆，那么特斯拉将会成为这个世界上最有价值的汽车公司。然而，现实总是残酷的，越来越多的竞争对手开始追赶特斯拉的脚步。

为了解决电池产能的问题，马斯克决定建造一个生产电池的超级工厂。只有这样，特斯拉才能够将竞争对手甩在后面。这个野心勃勃的计划从 2014 年提出，到坐落于内华达州的电池工厂正式落成，用了两年的时间。但正是这样一个工厂的存在，让特斯拉拥有无穷的底气，也让人们对特斯拉充满信心。2017 年下半年，这座超级工厂仍然只有 30% 左右算是正式投入使用，一旦彻底完成，这座超级工厂的产能将超过世界上所有电池公司的总和。

那么，特斯拉的对手现在情况如何呢？不管是菲斯克这种将特斯拉作为首要目标的公司，还是奥迪、宝马等传统公司，它们的电动汽车同样产能不足。

有人说，有竞争才有进步，事实上，竞争对手所带来的压力的确是人类进步的重要动力。中国的手机行业如今已经走向了世界，如果你当年关注过智能手机，那么应该还记得过去魅族、小米是唯一两家敢于挑战智能机领域国产品牌。那个时候国产手机的成长速度远远不如现在，正是因为国产手机品牌百花齐放，才促使了整个国产手机行业的强大。

外在的压力就是内部动力的源泉，如果缺少了外部的压力，那么内部的动力也会大大降低。赖斯兄弟建立太阳城的时候，可能没有想过会有一位大富豪看上他们的公司，并且给他们大量的投资。当时的太阳城，面对的困难实在太多，它有很多的对手要面对。正是在这种充满压力的环境下，太阳城飞速地发展，很快就成为了美国最大的太阳能公司。但是如今呢？缺少了外部压力的太阳城，发展速度远远不如特斯拉和 SpaceX，更别说马斯克其他的公司了。

成为一个行业的领头羊并不容易，但是在成为行业领头羊以后继续飞速发展就更加困难了。在智能手机出现之前，手机行业最具代表性的企业是什么？虽然当时的手机品牌丝毫不比现在少，但是处在最前端的只有诺基亚、摩托罗拉、索尼－爱立信这三家。诺基亚这个老牌王者在经历了智能手机的冲击后，品牌几经转手，早已不复当年的辉煌。手提电话的发明者摩托罗拉，在经历了几番起伏后，最终被联想公司收购，成为联想旗下众多手机品牌中的一个。索尼－爱立信如今早已去掉了爱立信的品牌名称，成为了索尼自己的产业，但是因为手机行业连年亏损，索尼的手机业务紧缩发展。

如今，手机行业的领头羊是苹果公司，那么苹果公司发展现状又如何呢？虽然苹果公司全新的科技引领手机行业的潮流，但是和其他品牌的差异逐渐缩小。

埃隆·马斯克面对着巨大的压力，充满激情地投入工作当中，他对未来有着无限的希望。他喜欢挑战，喜欢有竞争对手。一个人的赛跑是无趣的，只有和其他人一起站在起跑线上，才能不断地挖掘潜力，知道自己的极限究竟在哪里。

②

不能只等对手犯错

竞争中充满了未知数，而想要获得最后的胜利并非是一件容易的事情。自我竞争，并不能决定一切，而外部竞争才是获得胜利的重中之重。我们想要超过对手，并不容易，因为在这个世界上，你不是唯一的天才，也不是唯一努力的人。所以，要赢你的对手，不能存在任何侥幸心理，特别是不能期待对手将你送上胜利的宝座。

竞争，就是一个超越对手的过程。在这个过程当中，竞争对手是谁并不是最重要的问题。我们成功的指标，除了超越对手之外，还有自我的提升。不能不断地提升自己的能力，存有侥幸心理的话，那么主动权就已经不在自己手上了。指望对手犯错，是竞争过程当中最傻的想法，即便是对手已经出现了错误，也未必就说明了他没有东山再起的机会。只有不断地前进，永远处在领跑者的位置上，才能够真正在竞争中获得胜利。

第五章
竞争原则：将所有竞争转化为自我激励
——

甲骨文公司是世界上最大的数据库公司之一，而甲骨文是真正白手起家的。甲骨文在发展的过程中，遇到过无数的挫折，犯过许多的错误，在甲骨文真正成气候之前，IBM 一直都没有落井下石，乘胜追击。而 Ingres 一度差点要了甲骨文的命，特别是在 20 世纪 80 年代，Ingres 使用了当时最好的数据库技术 QUEL，它的市场占有率节节领先，但是 Ingres 的创始人是一位来自伯克利大学的教授，他更在意的是技术上的问题，而不是趁机占有所有的市场。甲骨文虽然使用的是古老的、落后的 SQL 数据库，但是 IBM 将 SQL 技术提交给数据库标准委员会以后，SQL 就成为了数据库标准查询技术。于是，Ingres 的市场占有率急剧缩水了。

对手犯错，未必就是你的机会，真正的机会和成功都是属于那些不断奔跑的人。只有努力去做事情的人才会犯错，而不做事情的人永远都不会犯错。对手犯错，说明对手在不断地努力，不断地前进，不断地寻找胜利的机会。而一味地等着对手犯错，就意味着自己在原地踏步。

一直犯错的对手，也是不能忽视的，如果对手持之以恒，那么总有迎头赶上的一天。抱着对手不停犯错，永远都不会追上自己的心态，必定会遭到对手的迎头一击。杰夫·贝佐斯的蓝色起源一直不温不火地发展着，蓝色起源比 SpaceX 建立更早，投的资金更多，但是始终都没什么大的发展。SpaceX 在私人航天业的竞争中，一直保持领先的地位，它发射了火箭，又准备进行火箭的回收和飞船的发射。就在马斯克将所有的心思都用在特斯拉上的时候，一则消息让马斯克紧张起来。2018 年 4 月 30 日，蓝色起源完成了火箭和飞船的亚轨道飞行，并且成功地进行了回收。这说明一直被 SpaceX 甩在后面的蓝色起源，已经有了和 SpaceX 进行正面对抗的实力了。

竞争无处不在，一个竞争对手消失了，又会出现一个全新的竞争对手。不断犯错、一直落在后面的竞争对手，也总有迎头赶上的一天。不管什么时候，都不能将竞争的主动权交给对手，胜利的钥匙还是要握在自己的手里才安全。

那么，所谓胜利的钥匙是什么呢？

在与对手竞争的过程中，胜利的钥匙有三把，分别是自我提升、在竞争中寻找动力以及不管优势多小，都要尽量保持领先。

自我提升，是胜利的根本，是成功的基础。不管对手的表现有多糟糕，自我提升都是最重要的一环。商业竞争的本质，不仅是要超过对手，更是要满足消费者，满足客户。如果对手表现很差，你仅仅只比其好一点点，那么被淘汰的不仅是对手，还有你。

在竞争中寻找动力也是胜利的钥匙之一。竞争本身是件让人非常疲惫的事情，被无休止的竞争拖垮的公司屡见不鲜。只有将对手的追赶与竞争化成动力，才能够不断地前进。

最后，不管在什么时候，不管优势有多么的微小，都不要轻易地放弃领先地位。厚积薄发并不是只针对处在激烈竞争中的人，渴望一鸣惊人的新人或者是想要重塑辉煌的人都会厚积薄发。保持领先的优势，得到的不仅仅是一点点的领先。

想要获取竞争胜利的钥匙，那就先从自我提升开始吧。

③

今天的自己与明天的自己

竞争的过程当中，除了与对手之间的竞争外，还有和自己的竞争。横向竞争就是我们与对手的竞争，纵向竞争就是我们和自己的竞争。自己和自己的竞争，就是今天的自己要比昨天的自己更好，明天的自己要比今天的自己更好。只有这样，才能看到自己是否成长了，自己是否真的有提升，自己能不能够战胜自己，真正走上成功之路。

战胜自己，重要的是不断学习。埃隆·马斯克不仅擅长学习，而且热爱学习。不管他的智商是和普通人差不多还是如人们传言中的那样是个天才，他在学习这方面的所花费的时间是惊人的。从小他就喜欢读书，每天花费在读书上的时间多达 10 个小时，一个周末他可以读完两本书。很快，他就读完了附近图书馆和学校图书馆里所有的书。无书可读的他开始阅读百科全书，他三四年级的时候，已经将《大英百科全书》读得滚瓜烂熟。读书的过程，就是自我超越的过程。他 12 岁的时候，找到了新的兴趣，计算机。从那个时候起，他开始攫取第一桶金。

自我斗争不是只有学习一个途径，想要获得自我提升，需要全方位对自己进行改变，其中不仅有内部因素，还有外部因素。下面，我们就来看看，如何才能够在自我斗争当中获得胜利。

第一，自我提升需要不断地努力。努力，这是老生常谈的问题，但是这里我们所要强调的不是"努力"而是"不断"。每天都要超越昨天的自己，这并非是朝夕的事情，而是要持续一生的事情。你保持一个习惯，最长能够保持多久呢？每天都做一件事情，保持一个习惯，最后坚持下来的那个人，必然强过其他所有人。

埃隆·马斯克从来没有停止过自我提升，他有许多优良的习惯，比如健身、读书，还有制订计划。他为自己的每一天都制订了精确的计划，并且精确程度到了惊人的地步。他每五分钟都有一个计划，每个五分钟需要做什么都是清清楚楚的。正是因为他的这个习惯，才能保证他惊人的工作效率，即便他一个星期要工作 100 个小时，制订的计划数量非常惊人，他还是保持着这个习惯。因为他知道，持之以恒才是自我斗争胜利的根本。

第二，找到更多对自己有用的人。想要成功一个人是绝对不行的，认识更多有能力的人，不管是朋友还是团队成员，都能够让自己的能力得到极大的提升。有些人能够帮助自己学到更多的东西，有些人能够为你带来更多的资源，还有一些人能够让你认识更多有用的人。不管是哪一种人，只要对你有帮助，都能够成为你自我提升的重要阶梯。

马斯克从来都不是独自奋斗的，一个篱笆三个桩，一个好汉三个帮。在他创建 Zip2 的时候，是和他的兄弟金巴尔一起进行的。创建 X.com 的时候，他不仅从 Zip2 带走了一些工程师，还和哈里斯·弗里克以及克里斯托弗·佩恩这两位金融界的精英一起组成了创业的明星团队。其他的几家公司，不管是太阳城、特斯拉还是 SpaceX，都有一个他亲手组建的、强大的团队，从技术到经营，面面俱到。正是有了这些人的支撑，马斯克才能不断地提升自我，不断地超越昨天的自己。

第三，自我提升的意愿永远是最重要的。强扭的瓜不甜，自我提升、自我超越需要有强烈的自我意愿。如果没有超越自我的意愿，安于现状，那么成功就变成了镜中花、水中月。想要自我提升，需要不断地努力，当你的自我提升出现停滞的时候要主动去寻找更好的方法和方向。自我提升得越多，你的收获也就越多。

马斯克从 17 岁的时候就非常注重自我提升，也注重挑战自我。他曾经向自己发起过一个挑战，那就是每天只用 1 美元，生活一个月。当他开始实施的时候，发现事情并没有像他想的那样困难，他真的用 30 美元生活了一个月。如今，他已经是个亿万富翁了，但是自我提升仍然没有停止。在 2018 年的 2 月，他发了一条令所有人摸不着头脑的推特——向 1700 万名粉丝征求自我提升的方案。不管他最终是否从上万条回复中找到了可行的方法，但是他自我提升的意愿却是非常强烈的。

纵向对比，超越自我，是内部竞争最重要的部分。只有不断地加强对自己的要求，不断地提升自己，才能赢得这场自我斗争。很多有能力的年轻人，他们成熟以后，却很少成为成功者。他们并不是输给了竞争者，而是输给了他们自己。他们年少得志，失去了自我提升的动力，发生了"伤仲永"的故事。天才人物尚且如此，对于我们普通人来说，更需要不懈地自我斗争、自我提升。

4

有人追赶，才会开始飞驰

有竞争对手这并不是一件愉快的事情，特别是你在发现一片资源丰富的蓝海以后，发现旁边还有一艘船。但是，竞争对手所带来的影响不都是坏的，除了要分享，甚至是争夺资源外，对自己的成长还有激励作用。如果没有竞争对手，逼迫你不断前进，那么当你顺风顺水，按照自己的想法发展的时候，要么会发现在这片蓝海中并没有那么容易找到方向。

任何一场竞争，都会有两个角色，一个追逐者，一个被追逐者，有些时候这两个角色非常明确，而有的时候又很模糊。越是相差悬殊的竞争，结束得越快，而越是相差不大的竞争，越是能够长久地持续下去。宝马、奔驰、奥迪是德国汽车中的老牌强者，这三个汽车巨头可谓是长盛不衰，总是能够不断地进步，这主要是因为它们之间的竞争关系。正是因为它们互相之间不断地追赶，它们都获得飞速的进步。

国产手机发展得如火如荼，但是在 10 年前，外国手机在国内是有着绝对的垄断地位的。现在人们谈起国产智能机，大多会想到小米、华为、OPPO 等品牌，但实际上中国第一款安卓智能手机的制造厂商是魅族。因为当时在国内缺少竞争，魅族的第一款手机不仅价格高昂，配置普通，各种问题层出不穷。小米的出现，让魅族感受到了危机，从那个时候开始，魅族的手机才做得越来越好。这种竞争的情况一直持续到了今天，才诞生了国产手机百花齐放的局面。

在竞争的过程中，我们只可能有两种身份，一种是追逐者，一种是被追逐者。想要通过竞争不断进步，处在这两种位置上的心态是截然不同的。如果不能用正确的心态去看待竞争，那么竞争可能就会变成一件坏事。

当我们是追逐者的时候，最需要的是保持冷静的头脑，哪怕对方距离我们只有一步之遥。利益、成就、地位、荣誉，这些多么令人心动。但正是这些东西，有些时候会让我们失去理智，会冲昏我们的头脑，让我们做出错误的判断。如果我们失去冷静的头脑，因为冲动而做出不理智的事情，就会满盘皆输。一步之遥，在不理智的情况下可能会变成咫尺千里。一个小小的漏洞，如果在不理智的情况下会变成千里之堤崩溃的根本原因。所以，我们越是接近对手，越是要稳住自己的脚步，扎牢根基。

当我们处在被追逐的位置上时，我们最需要的是谦虚。只有跑在前面的人，才有被人追逐的资格。但是，没有人是永远的赢家，那些在后面不停追逐的人也未必不会跑到前面。如果我们因为领先别人而骄傲，那么骄傲迟早会蒙蔽你的双眼，让你看不清对手的实力，看不清自己的实力。当你错误的判断自己和对手的实力时，你就失去了决胜的先决条件了。保持谦虚，总是正确地判断对手距离自己还有多远，不停地向前奔跑，才是始终保持领先的法宝。

埃隆·马斯克的特斯拉和 SpaceX 仍然处在领先地位，虽然他的挑战者越来越多了，虽然他总是一副不在乎的样子，但实际上他从来没有小看过对手。科技的发展总是会有一个瓶颈的，没有人知道谁会在下一个阶段跑到所有人的前面。这就是竞争的魅力，也是人类科技能够飞速发展的重要原因。当人类迎来下一个阶段的时候，马斯克还能领先所有人，成为被追逐的那一个吗？让我们拭目以待。

（5）

领先对手一点也好

竞争中，总是有人占据领先地位，有人落后，这是无法改变的。那么，从长久的角度来看，必定是处于领先地位的人更加有利。虽然有"出头的椽子先烂"这样的俗语，但是同样也有"宁做鸡头不做凤尾"这样的话。那么，占据领先地位的好处究竟都有什么呢？

让我们再次谈谈 2008 年的那场危机，SpaceX 三次发射失败，无数人在背后嘲笑马斯克，上亿的美元投了进去，却只放了三个大烟花。尽管 SpaceX 第四次发射终于获得了成功，但是 SpaceX 的情况却没有好转，马斯克连薪水都无法发出来。就在马斯克一筹莫展的时候，他得到了 NASA 向太空站运输物资的订单。这笔订单拯救了 SpaceX，也拯救了马斯克的梦想。那么，是什么促使 NASA 将如此大的订单交到一家刚刚成功的公司手上呢？答案非常简单，即便 SpaceX 只成功了一次，即便是 SpaceX 已经处在了破产的边缘，但是 SpaceX 仍然处在领先的地位，虽然它只比竞争对手强一点。仅仅强的这一点，就是成功和失败的分水岭，就是是否具有能力完成订单的分水岭，就是 0 和 1 的分水岭，就是从无到有的分水岭。那么，这个订单不交给 SpaceX，还能交给谁呢？

无独有偶，特斯拉的 rockster 刚刚问世的时候，就震惊了世界，不管是好莱坞还是硅谷，几乎每个认为自己走在时代前沿的人，都以拥有一辆 rockster 为荣。这不是因为别的，正是因为特斯拉比世界上其他的公司在电动汽车这个领域中都要领先一点。即便是只有一点点，但是这种领先的地位是有决定性意义的。

"领先"，本身就是个有魔力的词语，它代表一种状态，是一种地位的象征，不管领先多少，领先就是领先。当你处在领先地位的时候，你就永远是人们需要时的第一选择，你就永远是这个领域中最为强大的人，你就永远是其他人看齐的标杆。哪怕你领先的不多，但是人们在谈到你所在领域的时候，总是会情不自禁地拿别人和你做对比。而这种对比，能够更加凸显你的领先地位。而在这种情况下，你能够获得一种优势的积累，你越是长时间处在领先地位，就有越多的人知道你的名字，就有越多的人成为你的簇拥者。或许有些人能够记得世界第二高峰、世界第三高峰的名字，但是人数绝对不会比记住世界第一高峰名字的人多。而你，需要做的就是成为你所在领域中的第一高峰，哪怕只高那么一点点。

如今，埃隆·马斯克仍然处于领先一点点的位置，他的特斯拉，除了电池管理的技术，其他方面已经被其他的汽车公司赶上了。而SpaceX 同样领先了一点点，蓝色起源、OneWeb 等公司在后面苦苦追赶，不是缺少发射重型火箭的能力，就是缺少火箭回收技术。只有 SpaceX，虽然领先得不多，但始终走在前面，领先的一点点变成了在竞争中的优势。

想要获得领先地位并不是一件容易的事情，而想要将领先的地位保持下去也不容易。想要保持住自己的领先地位，应该怎么做呢？

找到正确前进的方向。正确的前进方向，并不是说成功的方向，而是竞争的方向。在短时间的竞争中，人们关注的往往并不是距离成功还有多远，而是他所走出的方向。

当你的对手发现你始终保持着领先，很难超越的时候，另辟蹊径就成为了最简单的方法。而如果你不想失去领先的位置，那么就必须要知道对手朝着什么方向前进。

第六章 /

团队原则

团队要小，人品要好

①

复杂的事情，参与的人越少越好

根据奥卡姆剃刀定律，在做一件事情的时候，越是简单直接就越是有效。而采用复杂的方法去解决一个问题，很有可能会让问题变得越来越复杂。虽然俗话说，众人拾柴火焰高，一个好汉两个帮，但实际上，复杂的事情还是参与的人越少越好。

埃隆·马斯克并非是个生而知之的人，在成功的道路上，他也遇到过不少挫折。正是这些挫折，让他明白了更多成功的窍门，例如，复杂的事情，参与的人越少越好。

在埃隆·马斯克出售掉 Zip2，成立 X.com 的时候，可谓是广纳人才。他的合伙人，都看好他。毫不犹豫地将自己大量的资金投入新公司。他当时拥有 2200 万美元，直接将 1200 万美元投入公司，并且留下 400 万美元作为后备资金。就这样，X.com 大张旗鼓地成立了。

公司成立的时候，除了埃隆·马斯克之外，还有 3 个联合创始人，分别是何艾迪、哈里斯·弗里克和克里斯托弗·佩恩。何艾迪是 Zip2 里最有能力的工程师，他的工作能力令所有人惊叹。弗里克是世界上竞争最激烈的奖学金、有"本科生的诺贝尔奖"之称的罗德奖学金的获得者。佩恩是弗里克的朋友，同样是金融界的精英。正是这样一个堪称是全明星阵容的团队，却没有将 X.com 引领向一个光明的结局。

有着非常丰富金融知识的弗里克没多久就和马斯克起了摩擦，弗里克想要做一个强大的传统银行，但是马斯克想要一个革命性的网络银行，两个人从根本上发生了冲突，没有人看好马斯克的想法。于是，在短短几个月后，弗里克就要求当公司的 CEO，否则就自立门户。马斯克作为第一股东，自然是不接受的，于是弗里克带走了公司大量有能力的员工，包括公司的首席工程师何艾迪。

马斯克在经历一段时间不顺利的发展以后，选择和同样着眼于网络银行，拥有强大技术的 Confinity 公司合并，由 X.com 出钱，而 Confinity 提供它的明星产品 PayPal。双方的合作并不顺利，很快就因为采用什么样的源代码产生了分歧，Confinity 公司的领头人麦克斯·列夫金和彼得·蒂尔认为不应该使用微软平台。这件事情造成的直接结果就是彼得·蒂尔辞职和列夫金的心怀不满。

———

列夫金和 X.com 的一些员工在马斯克度蜜月的时候把彼得·蒂尔请了回来，使之成为了新的 CEO，马斯克匆匆赶回美国，在飞机落地之前他就已经失去了公司 CEO 的位子。

一千个人的眼中有一千个哈姆雷特，不仅是对人的看法如此，对前进的方向，对成功的道路，都是一样的。越多的人，就有越多不同的看法，这就导致了虽然人多，每个人的力量都很强大，但是却不能集中力量朝着一个方向去努力，最终导致的结果就是分崩离析。作为一个企业，独裁不是一件好事，但是如果想要解决一个复杂的事情，那么保证只有一个声音是非常必要的。

道格·菲尔德是赛格威公司的工程师，赛格威公司的小型电动车也是非常有名气的。史蒂夫·乔布斯高薪将道格·菲尔德挖到了苹果，希望他能够成为苹果电动车事业的中流砥柱。最终，他来到了特斯拉，成为了特斯拉负责工程方面的高级副总裁。就是这样一个拥有光辉履历的人才，在马斯克对 Model3 产能不满的时候，仍然对他进行了毫不犹豫的撤换。2018 年 3 月底，马斯克在社交媒体上发布了消息，表示自己将会主抓 Model3 的生产问题。他不是不相信道格·菲尔德，而是这件事情想要解决，参与的人越少越好，而他最信得过的人就是他自己了。

马斯克走进了工厂，来到了生产的第一线。他说要将自己的办公桌搬到任何需要他的地方，实际上他连办公桌都没有。哪里有需要解决的问题，他就来到哪里，即便是生产的第一线。甚至有时候，马斯克就睡在工厂里。

他为了解决问题，不仅将参与人数降低到了最低，甚至有时候还亲力亲为。

马斯克是个强势的人，但是，在他失去 X.com 领导权的时候，他又适时地表现出退让，让公司朝着更好的方向走。因为他知道，X.com 的发展正处于关键时期，如果他贸然加入权力的争夺，势必会让原本就很复杂的局面更加复杂。

在事情平稳发展的时候，我们需要的是头脑风暴，需要从多方面去考虑要走向哪里、要怎样发展。但是，当遇到问题的时候，就必须由少数人来解决。很多问题本身并不复杂，但是参与的人多了，就变得复杂了。正应了那句老话，"一个和尚挑水吃，两个和尚抬水吃，三个和尚没水吃"。

②

短期看能力，长期看人品

用人，自古以来就是所有领导者、成功者所要面对的问题。有些人觉得用人的标准应该是疑人不用，用人不疑，只要是自己认可的人，就应该毫无戒备地用。也有人觉得应该唯才是用，只要有才能的人，那么就应该放在正确的位置上。事实上，用人这件事情也是随着成功者的经验不断积累，最后形成自己风格的。那么，最为通用的用人方法应该是什么样的呢？

SpaceX 的名声已经响彻全世界，所有人都知道，SpaceX 是一家私人公司，而这家公司的老板名叫埃隆·马斯克。但是这家公司并不是马斯克一个人成立的，对于一个外行人来说，想要凭借一己之力成立一家航天公司简直是天方夜谭。于是，马斯克在创业的时候，找到了几位很有分量的人来为他工作，其中最主要的就是吉姆·坎特雷尔和迈克尔·格里芬。

坎特雷尔与马斯克共同创业，但是当马斯克决定自己研发火箭，要求坎特雷尔与他一起承担创业风险的时候，坎特雷尔退缩了。他认为，马斯克的投入太大了，他不愿意冒这个风险。如今，坎特雷尔是另一家航天公司的 CEO，也开始走上与马斯克一样的道路。如今的吉姆·坎特雷尔，不得不承认自己当年的眼光太狭窄了，马斯克的想法是正确的。在马斯克与坎特雷尔分道扬镳的时候，格里芬是打算跟马斯克一起奋斗的，但是当时 SpaceX 的发展非常艰难，所有的员工每天都要从早到晚，一周七天的忙碌，格里芬不仅不愿意与马斯克一起拼搏，就连搬家到 SpaceX 公司所在的城市都不肯，这显然不是一个可以共患难的人，所以马斯克拒绝了他的要求。

这两位对于马斯克来说，显然是属于短期用能力的人。而那些长期看人品的呢？汤姆·穆勒就是其中重要的一个。汤姆·穆勒是个不折不扣的技术狂人，他为了钻研技术，不惜去莫哈维大沙漠里去改进自己所制造的引擎设备。这种精神是非常可贵的，也是非常罕见的。当他遇到马斯克以后，马上就引为知音，拒绝了比尔航空公司和其他数家航空巨头的招揽，来到了刚刚起步的 SpaceX。正是这样的人，被马斯克认为是可以长期合作的。如今，汤姆·穆勒已经是 SpaceX 的副总裁了。

我们提到了副总裁汤姆·穆勒，那么 SpaceX 的总裁是谁呢？不是马斯克自己，而是格温·肖特维尔。格温·肖特维尔在进入

SpaceX 的时候，没有人认为他将来会成为这家公司的总裁。马斯克为公司高薪聘请了很多名声显赫的大人物，他们有的负责经营公司，有的负责工程技术，而肖特维尔不过是一个推销员罢了。正是这个小小的推销员，在表现出其对公司的忠心以后，经过数次的升迁成为了 SpaceX 的首席运营兼总裁。

提到忠心耿耿，我们就不能不提马斯克最忠诚的助手玛丽·贝丝·布朗，她与马斯克的关系之亲密，恐怕已经达到了亲人的程度。如果马斯克是硅谷的钢铁侠，那么布朗就是马斯克的波茨。不管马斯克工作多久，布朗都会奉陪到底。马斯克的行程、饮食、着装、媒体安排，都由她一手操办。

她的好人品不止体现在对马斯克的忠诚上，她能够洞穿马斯克的心理，通过这一点，她给了其他员工很多的帮助。不管是公司的账目还是摆设上的细节，他都要一一过问。任何一个员工想要找马斯克，讨论一些事情，布朗都会给他们一些提示，如马斯克现在的心情究竟如何，现在是不是找他谈话最合适的时间。正是因为她热情，她待人真诚与温柔，她成为马斯克团队中的坚强骨干。她就如同一抹春风一样，公司里的每个人都非常喜欢她。

短期用人要看才能，而长期用人，自然要以品格为先，试想一下，如果玛丽·贝丝·布朗的人品有问题的话，那么对 SpaceX 将是一场毁灭性的遭难。她想要欺上瞒下，做一些不利于 SpaceX 的事情，实在是太容易了。

特斯拉和 SpaceX 都不是老牌企业，每年都有大量的新员工进入公司。马斯克凭借着自己独特的用人方法，不管是合作伙伴还是公司高层，都变换过数次，如今这两家承载着马斯克梦想的公司都已经趋于稳定。

3

做真正的团队领袖

　　每个团队都有自己的运行模式，但是不管是哪种团队，都不能将所有的担子压在领导者的身上。只有每个人各司其职，团队才能成其为团队，否则这个团队不过是领导者自己的意志与能力延伸的结果。这样的团队不仅浪费人才，更是会让领导者心力交瘁。一旦领导者无法解决所有的问题，那么这个团队将分崩离析。

　　埃隆·马斯克称得上是全能的领袖人物。他懂技术，懂运营，懂管理，懂宣传，虽然他每周要工作 100 个小时，但是他的团队仍然是每个人都要做自己的事情。这样不会有人力资源的浪费，而整个团队的工作效率也大大提高了。

　　在马斯克创建 Zip2 的时候，就已经有了一个团队。他每天都住在办公室里，每天只有吃饭、工作和睡觉这三件事情，连洗澡的时间都没有。但是，他仍然招募了一个在当前阶段非常完善的团队。马斯克每天都如同着魔一样写代码，而杰夫·海尔曼、克雷格·莫尔等人组成了销售团队，负责推销。后来，他们的团队中还出现了格雷格·科里这样经验老到的生意人作为顾问，理查·索尔金这样聪慧的运营人员做公司的 CEO。虽然年轻的马斯克无比垂涎 CEO 的位置，但是当时的他并没有多少管理经验，他更多的是作为一个技术人员在公司当中占据一席之地的。如果严格要求程序的标准，其实马斯克连个成熟的程序员都算不上。如果当时马斯克想要独揽大权的话，那么 Zip2 所迎来的只能是一场灾难。

如今这个时代，最重要的就是人才。但是，人才不等于全才，也不等于天才。天才象征着潜力，是值得培养的对象，是有着无比美好的未来、最有可能成为人才的人。而全才呢，只能做统御全局的工作，或者是一个临时的救火队员，哪里有危机就去哪里，等待更加合适的人替换。只有真正的人才，才能在一个位置上将他的才能发挥得淋漓尽致。不管是什么样的人，只有将他放在正确的位置上，才能尽其所长。

我们不能要求自己做好所有事情，因为每个人的时间和精力都是有限的，即便将一生完全献给某项事业，都未必能够做到极致，更何况是一个人完成所有的事情了。所以，我们需要团队，我们需要得到更多人的支持。

那么，如何才能人尽其才、物尽其用，做一个真正的团队领袖呢？

首先，要知道什么叫作才能。"才能"这个词，说窄也窄，说宽也宽。有些人认为，只有能够创造更多价值的能力才叫作才能。而领域不同，行业不同，才能也不尽相同。真正的才能是体现在各个方面的。三百六十行，行行出状元。有些人的才能可能与我们的行业无关，但是未必就不能给我们带来价值。

SpaceX 中，有着各种各样的人才，除了搞技术之外，总有人要去搞销售，要去做宣传。比如，马斯克最亲密的人，玛丽·贝斯·布朗，人们亲切地称呼她为"MB"。她的工作职务是马斯克的助手，要负责马斯克的衣食住行，甚至包括打扫办公室、照顾马斯克的孩子。但实际上，她更像是整个 SpaceX 的保姆，只有她能够在马斯克怒不可遏的时候为其他人争取一线生机，也只有她才能够让马斯克暴躁的形象在员工面前变得稍微好一点。她虽然没有创造任何直接利益，但却是马斯克与整个 SpaceX 之间的润滑剂。如果 SpaceX 走了一个高级工程师，并不会造成太大的损失。如果玛丽走了，那么 SpaceX 和马斯克都会有麻烦。

其次，有用的才能是能用的才能。这个世界上有才能的人很多，但是他是否愿意和你朝着一个方向共同努力，是否愿意为你的团队贡献他的才能就是另外一回事了。有的人虽然才华横溢，但是却始终在和团队唱反调。那么，他就会拖团队的后腿。那些与团队不能朝着一个方向前进的人，还是早早让他们离开队伍好了。

SpaceX 之所以能够吸引那么多的年轻人，并不完全是太空梦所带来的。很多大学毕业的高才生来到 SpaceX 的时候，对他们的技术团队是非常满意的。所有的人都充满生气，所有的人都朝着一个方向努力，不会有人拖后腿，也不会有人暮气沉沉地混日子。这是马斯克不断努力的结果，在他以天才工程师米勒作为核心建立技术团队以后，就开始留意有那些人和团队唱反调的人，并且将其开除，虽然他们当中有些人真的有出色的能力。当一个团队中有人不停地朝着团队的反方向前进的时候，不要因为他有才华就纵容他，这样只会毁掉整个团队。

最后，不能自己解决所有问题，更不要自己揽走所有的功劳。一个好的团队，即便不能做到完全平均，但不能让几个人拿走所有的功劳。这种行为抹杀了其他人的努力，会让团队形成两个对立的团体。如果是领袖一个人抢走所有的功劳，那就更要不得了。这样的领袖如果不做出改变的话，要不了多久就会变成孤家寡人。

在 SpaceX 刚刚制造出火箭引擎的时候，设计出第一枚火箭的时候，马斯克居然在新闻上将这一切功劳归在了自己名下，他的这种行为伤害了他的团队成员，而这种被伤害的痛苦在不久以后转化成了愤怒。正是这件事情严重地阻碍了 SpaceX 的发展，大量优秀的工程师带着愤怒离开了 SpaceX。所幸，马斯克在后面的日子里虽然依旧狂妄，但是却没有将所有的功劳揽在自己身上。

团队之所以是团队，因为团队需要所有人共同发挥力量。领袖是协调、调动整个团队的人，而不是需要完成团队所有任务的人。物尽其用，人尽其才，才是真正的用人之道。

4

赢得团队成员的忠诚

我们所知道的天才、偏执狂类型的成功者，数不胜数，如史蒂夫·乔布斯、比尔·盖茨、拉里·埃里森等。他们向往成功，他们足够疯狂，所以才如此强大，但即便他们将生活中的大部分时间都用在工作上，也很少是与员工共同度过的。他们驾驭员工大多数时候是凭借自己的个人魅力，而埃隆·马斯克则不同。

埃隆·马斯克是另一种类型的领导者，相对于运筹帷幄，他更喜欢亲自去做一些事情。而在做领袖这件事情上，他并不是很在行。他在成立特斯拉和SpaceX之前，从来没有真正坐稳过CEO的位子，即便如此，他仍然拥有大量拥护者。特斯拉和SpaceX是硅谷乃至全世界，为数不多的老板远比员工工作时间长很多的公司。并且，这种工作是员工们看得见的，有些时候就在员工的身边。在SpaceX发射火箭的时候，马斯克和哥哥金巴尔都在夸贾林岛上，那里只有基本的生活设施，很多人挤在一个房间里，即便如此，马斯克仍然在那里，从火箭开始拼装，到发射。在组装火箭的过程中，马斯克也会身先士卒前往第一线工作，不管他当时穿的西装有多么昂贵，环境有多么肮脏，他都会撸起袖子加入工作中去。

身为一个领袖，能够用慷慨激昂的话语来激励团队成员固然是好的，但演讲这件事情并不是任何时候都合适的，特别是在遭遇失败、心烦意乱、极度劳累的时候，一段空泛的大话是不能起到激励团队成员的效果的。而如果团队成员在极其劳累的情况下，看到团队领袖同样在自己旁边奋斗着，那么这就是最好的激励了。如果一个团队领袖，不管在任何时候都能和自己的团队成员共进退，那么必然会赢得团队成员的忠诚。

以身作则可以起到示范的作用，也可以赢得团队成员的忠诚，这是一件一举两得的事情。一个团队的精神面貌，往往就是由团队领袖所决定的。当一个团队领袖表现出责任心，表现出无私无畏、勇于牺牲的精神时，团队成员自然也会有样学样地向团队领袖看齐。而如果一个团队领袖得过且过、自私自利的话，那么团队成员自然也会每天都只打着属于自己的小算盘，心里只有属于自己的利益。一个心里只有自己的人，想要求他对团队忠诚，是不可能的事情。

除了以身作则之外，还要经常给予团队成员肯定。一样米养百样人，每个人都有自己独特的想法。而这些想法，有些看似荒诞不经，有些则非常具有操作价值。不管是哪一种，不管能否将这个想法付诸实际，在一定范围内给予肯定必然会获得团队成员更多的好感与忠诚。

特斯拉的首席技术官斯特劳贝尔一直对马斯克忠心耿耿，这不仅是因为电动车汽是他一心想要达成的理想，更是因为马斯克是第一个愿意为此赏识他的人。在这之前，支持他想法的，只有一群来自斯坦福大学的学生。如今，电动汽车已经被全世界认可是一个可行的项目，但是 2003 年，几乎所有听过斯特劳贝尔想法的人，都认为将一大堆锂电池串联到一起，为一辆汽车提供动力的想法简直是太疯狂了。但，同样疯狂的埃隆·马斯克认为这是一个很好的点子，于是在双方尚未达成任何合作协议时，他就拿出 1 万美元，帮助斯特劳贝尔完成他制造一辆纯电动汽车的想法。这 1 万美元促成了斯特劳贝尔和马斯克长达 10 年的友谊，斯特劳贝尔不仅在特斯拉贡献了自己所有的知识，还为特斯拉找来了大量优秀的工程师。

即便是再荒谬的点子，也不是全无可行性的，即便是再普通的点子，其中也是有一些让人眼前一亮的东西的。如果一个人真的一无是处，那么也没有必要将他留在团队之中了。所以，作为一个团队领袖，要慎重对待任何一个团队成员的想法，那些好的点子，我们要给予肯定，并且将办法实际运用下去。而对于那些不是很好的点子，我们要取其精华，告诉提出这个想法的人，这个想法是好的，但是有怎样的缺点，又有怎样的优点。万万不可一句话就将团队成员的想法彻底否定，这是非常伤人的。

　　获得团队成员的忠诚，是一个团队成功的基础。当一个团队中的所有成员都能忠诚于团队、忠诚于团队领袖的时候，那么就能够众志成城，团队就能发挥是 120% 的力量。如果团队成员缺少忠诚，各怀异心，自私自利，那么即便是一个力量非常强大的团队，那么也只能发挥是一半的力量。所以，在建设一个团队的时候，要将团队成员的忠诚放在第一位。

⑤

激励团队成员

每个人取得成就，都是有一定的原因的，而这些原因主要是分为两种，一种是外部动机，一种是内部动机。在这两种动机之中，外在动机行之有效，是让大多数人都能够接受的激励方式，但是从长期来看，内部动机是更好的方式。那么，什么是外部动机、什么是内部动机呢？

在解释这个问题之前，我们来看看埃隆·马斯克的公司是如何运营的，特斯拉与SpaceX的员工是如何不断奋斗的。斯特劳贝尔被称为是特斯拉的联合创始人之一，但他来到特斯拉的时候，是个地地道道的雇员，他的薪水是每年9.5万美元。到2007年，特斯拉已经有近300名员工了，这些人都是来自斯坦福大学的高才生，而他们的薪水并不像硅谷其他科技公司那样惊人，平均只有4.5万美元。马斯克不是没有想过去找几个在硅谷已经小有名气的工程师，但是马斯克始终认为，那些拿着 12 万年薪的工程师，他们在热情上远远不如那些刚刚毕业的学生。正是靠着一群年轻人的支持，特斯拉创造出了奇迹。

那么，我们现在来解释一下，什么是外部动机，什么是内部动机。

外部动机，就是指通过外部条件来激励人，包括奖金、荣誉、奖品，甚至是口头上的称赞等正面的，也包括惩罚、斥责等负面的。外部动机在激励员工方面是非常具有优势的，所谓"重赏之下必有勇夫"，只要有足够的奖励，即便是那些非常胆小的人，也能够从事非常危险的活动。外部动机有以下几个特点：

第一，持续时间短。不管是奖励还是惩罚，称赞还是斥责，接受外部动机的人，很容易就会形成反射，只有在有奖励或者有惩罚的时候才会受到激励，而一旦失去这些外部因素，就无法被激励。特别是荣誉等奖励并不是一直存在的，一旦外部动机没有了，那么情况就会变得比外部动机激励之前更加糟糕。

第二，生效反应快。趋利避害是人类的天性，不管是什么样的人，只要给予了足够的奖赏，都会被激发出动力，改变不良反应。每个人所渴望的东西不同，只要能够满足对方的需要，都是行之有效的。

第三，容易产生功利思想。我们给予奖励，利用外部动机激励其他人，主要是为了将这种状态持续下去。但是久而久之，接受外部动机的人就会将外部动机与做的事情挂钩。努力工作只是为了获得奖励，外在动机成为了左右接受者行动的因素，这种情况是我们所不愿意看到的。

内部动机与外部动机不同，外部动机是利用给予对方足够的外部诱因，促使对方进行复核我们想法的活动。内部动机则是让对方将活动本身当成一种激励自己的方式，没有外部奖励，也没有外部压力。内部动机主要由以下几个因素组成：

第一，自我决定。每个人都有自己的目标，有人工作是为了钱，而有人工作是为了成就一番事业，不同的人会有不同的决定，也就意味着他对工作不同的态度。一旦确定了一个人想要获得怎样的自我实现，就能够判断他是否具有内部动机。

第二，好奇心、兴趣。即便是同一家公司的人，即便加入这家公司都是因为内部动机，也会呈现出既然不同的兴趣。毕竟分工不相同，所从事的项目也不同，这些就是不同的兴趣、好奇心所造成的。

第三，成就感。成就感是工作当中非常重要的一部分，每个人都渴望获得成就，成就所带来的仪式感、荣誉感，能够让人们在工作的时候更有动力。

外部动机是非常有效的激励团队成员的因素，但是这种激励方式往往只能在短时间内使用。如果长期使用这种方式，不仅不利于团队成员的成长，对于整个团队来说也是一件耗费颇大的事情。我们要善于使用内部动机来激励团队成员，即便是对方缺少内部动机，我们也可以创造内部动机。

首先，外部动机想要转化成为内部动机，要让团队成员有更多的成就感。成就感，是提高集体凝聚力最简单的方法，也是将外部动机转化成内部动机最简单的方式。不管是军队还是其他团体，都有大量的仪式化行动，用来赋予团队成员成就感，让他们明白，自己是团体当中重要的一员。在一个团队当中，不可能有大量仪式化的行动，所以想要让团队成员具有成就感，最重要的就是让他们知道自己在做什么。一个人做的事情毕竟是小的，但是一个团队一起做的事情则可能是非常伟大的。杰夫·贝佐斯就经常告诉他的员工们，他们公司是让世界上所有人都能用较低的价格购买到出版物，是文化的传播者。而乔布斯也经常告诉他的员工，他们在做的事情不仅改变手机行业，更是改变全世界。马斯克也是这样，不管是在特斯拉还是在 SpaceX，他总是不断地强调，他们所做的事情不仅可以改变世界，更是人类的未来。

其次，想要将外部动机转化成内部动机，不断地推陈出新是非常重要的。在这个世界上，有些人有着天才的头脑，不安于室，总是对世界上所有的东西都有着极大的兴趣，他们在任何一个领域，对任何一个事业都能够从不同的角度发现新的东西。而另一些人，虽然对这个世界并不好奇，但是如果在他们工作的环境中不断有新的改变，那么他们也会逐渐地被培养出好奇心，对工作的热情就会极大地提高。所以，想要将团队成员的外部动机转化成内部动机，就不能让工作太过于无聊，不时地进行一些改变是非常必要的。

最后，想要让团队以内部动机作为激励标准，就必须给予团队成员生活上足够的保障。生活是最基本的诉求，即便是全心全意将事业当成人生目标的人，也需要生活有保障。有些团队领导者总是用将来团队成长起来以后的事情做承诺，这只能让团队成员失去信心，另谋高就。

任何外部动机的激励总是不能长久，内部动机才是维持一个团队积极向上、高效率运转的根本。

第七章

提升原则

先付出百分之百的努力，
再谈天赋

①

付出百分百的努力

马斯克离开大学以后去了一家名叫火箭科学游戏的公司。从名字就能够看出来，这家公司是一家游戏公司。当时马斯克还没有毕业，不过他和普通的学生不一样，已经开始适应硅谷的节奏了。这家公司雇佣他，主要是为了让他做一些简单的写代码的工作，但是马斯克强大的学习能力让他很快就能够在没有任何人指导的情况下自己完成一个又一个的项目。

他不满足于简单的任务，不停地挑战有难度的工作，并且令人赞叹的是，他精力十分旺盛。苹果公司 QuickTime 项目的负责人，当时负责招聘马斯克的布鲁斯·里克说，马斯克天生就是那种能够在硅谷站稳脚跟的人。他年纪轻轻，熟悉计算机的软件和硬件，并且精力充沛，能够彻夜不停地工作。

埃隆·马斯克做暑期工的时候，就已经开始通宵工作了，当他开始自己创业，成立 Zip2 公司的时候，这种努力工作的状况似乎更甚。当时和马斯克一起创业的还有他的哥哥金巴尔，他们两个的办公场所就是有两间卧室的公寓，连家具都没有，地上放两个床垫，就算是睡觉的地方了。

在金巴尔和其他 Zip2 早期员工的印象中，马斯克从来没有离开过办公室。他每天都要工作到精疲力尽，其他人离开公司的时候，他在工作，而其他人到达公司的时候，他可能在工作，也可能就睡在办公桌旁边的床垫上。他告诉所有的员工，不管是谁，只要早上来到办公室看见他在睡觉，那么请用脚把他踢醒，好让他继续工作。其实，员工们最好奇的不是马斯克一天要工作多长时间，而是马斯克什么时候洗澡。没有人看见他离开过办公室，那么他是在什么时候做个人卫生的呢？有人猜测，或许是大家不来上班的周末吧。

马斯克正是凭着这种着魔一样的工作状态，深深折服了所有员工和投资人。如果不是马斯克以身作则，员工们很难接受那种工作环境。

Zip2 的成功出售让马斯克获得了 2200 万美元，这让他一下从一个穷小子变成了千万富翁。他为自己购置了豪车、豪宅，但是他的工作状况却没有发生改变。他建立 X.com 这个网络银行的想法早在 1990 年左右就有了，但是直到他出售 Zip2 以后才有资金去做这件事情。他为了这项事业可谓是全力以赴，在 X.com 向公众开放的当天，他几乎不眠不休地工作了 48 个小时。整个公司，他这个老板是在办公室里待得最久的。

X.com 的发展并非是一帆风顺的，特别是 Confinity 出现以后。这家公司给马斯克的压力实在是太大了，他的员工同样年轻，同样思维新颖，而他们的手上已经有了一个非常出色的产品，PayPal。为了在网络支付这一块上超过对手，马斯克带领公司的员工开始了近乎疯狂的工作，其他员工每天几乎要工作 20 个小时，而马斯克要工作 23 个小时。

在出售了 PayPal 以后，马斯克从千万富翁变成了亿万富翁，但是他仍然非常努力。他的前妻贾斯汀不止一次地抱怨说，那些丈夫在硅谷工作的妻子很惨，她们的丈夫每天要晚上 8 点才回家。但是做马斯克的妻子更惨，马斯克每天回家的时间是夜里 11 点，而且回到家以后，他还要继续工作，不知道会进行到什么时候。

真正让马斯克功成名就的，是特斯拉和 SpaceX，这两家公司倾注了他大量的心血，并且在公司最困难的时候经常不眠不休地工作。SpaceX 发射成功之前，推进器成为了他们研究的难点，虽然马斯克不是专业人士，但仍然参与其中。汤姆·穆勒曾描述过一段马斯克工作的状态：“他工作起来是不管周围环境和自己的情况的。为了做一个实验，他可以几个晚上都不睡觉，待在到处是水的实验室里，全然不管他的意大利名牌西装和皮鞋被搞得多么肮脏。"

2004 年的时候，SpaceX 有了第一个客户，马斯克非常珍惜这个客户，于是他快马加鞭地将火箭的发射提上了日程。那段时间，SpaceX 所有的工作人员休息的时段只有周日晚上的 8 点。马斯克每天要工作 20 个小时，每周工作 6 天以上。

2018 年，埃隆·马斯克 47 岁了，他经手的公司，有 4 家市值超过 10 亿。即便如此，他工作起来仍然疯狂，仍然可以从他的身上看见年轻时候的影子。2018 年 4 月，马斯克将自己的办公桌搬到特斯拉去，以保证 Model3 的产能。马斯克进入工厂以后几天都不出来。功成名就的马斯克，仍然努力着。

②

不努力就没有资格谈天赋

爱迪生曾说过，天才是百分之一的灵感加上百分之九十九的汗水，但是没有这百分之一的灵感是不行的。很多人将自己不成功的原因归咎于自己天生就不是这块料，自己不是不努力，只是缺少了那百分之一的灵感。真的是这样吗？不成功，真的是因为缺少那百分之一的灵感吗？其实，绝大多数没有成功的人，连百分之九十九的努力都没有做到，又凭什么去谈百分之一的灵感。

埃隆·马斯克是非常努力的，他为了自己的事业所付出的精力和时间是毋庸置疑的。即便如此，他仍然觉得自己的时间不够，自己的精力不够。相信如果可以的话，他宁愿为了自己的事业献出生命。马斯克一直想去火星，他甚至表示自己想要在火星度过自己的晚年，他希望能够通过 SpaceX 将超过 100 万人送到火星上去。但是，他知道去火星是一件非常危险的事情，特别是第一批去火星的人，很有可能一去无回。马斯克想要让人类实现去火星的梦想，因为他认为，将来人类会迎来一个黑暗时代，只有去火星才是最终的出路。

你愿意为你的梦想付出多少努力呢？这个世界，竞争无处不在，很多人有出众的天赋，能够在人群中脱颖而出。但是，更多的人并不是依靠天赋获得成功的。很多人在小的时候非常平庸，但是当他们的个性逐渐成熟，明白努力的重要性之后，他们的能力就开始展现出来。他们比其他人更有韧性，付出更多的时间和精力，甚至有些时候还有一些意想不到的牺牲，最终才能达到人们眼中的成功。

人们看见马斯克的成功，看到他赚了上百亿的财富，但是很少有人知道马斯克为此付出了多少。

在现实生活中，人们只关注谁赚了多少钱，谁取得了怎样的成就，却很少关注谁工作了多长时间。实际上，每一个取得了伟大成就，被人们称为天才的人，努力的程度不仅不比普通人少，反而更多。

被称为天才发明家的爱迪生，拥有发明专利的数量是后人难以企及的，人们叫他发明大王，不管是在商业上的天赋还是科技上的天赋都让人津津乐道。但是，很少有人知道，爱迪生一天的睡眠时间还不到 5 个小时，即便是老年时也是如此。拿破仑也是人们口中的天才，他的才能不仅显示在军事上，他编著的律法在那个年代也是可圈可点的。但是，拿破仑同样非常努力，他每天睡眠的时间是常人的一半，只有 3 ~ 4 个小时。现代物理学的奠基者牛顿，在努力的程度上更是惊人，他工作起来经常几天几夜不睡觉。达·芬奇为了努力工作，甚至发明了一种睡眠方法，每工作一个钟头就睡 15 分钟，用这种方式来保证自己的工作效率。

努力这件事情并不是说说而已，你认为你已经足够努力了，但是这个世界上还有很多有梦想的人比你更加努力。如果你在努力这件事情上都没有超过别人，又有什么资格去谈论你与成功者之间天赋的差距呢？天赋是我们不能掌控的，是我们不能选择的，但是是否努力是我们自己后天的选择。也就是说，在成功这条道路上，至少有一多半的内容是你自己能够掌控的。

埃隆·马斯克的事业越来越成功，他的时间也越来越紧张。他每周穿梭在 5 家公司之间，工作时间超过 100 个小时。而如果哪一家公司出现了问题，那么他可能就要不眠不休地度过几天。他被称为流浪汉，不是因为他没有家，而是因为他没有时间回家。甚至每一餐，他都要强迫自己在 5 分钟左右吃完。

越是有天赋的人，就越是有超越常人的理想。想要实现这些理想，就要付出比常人更多的努力。有些人抱怨自己被公司压榨，薪水不少，但是经常加班太辛苦了。那么对于那些有天赋的人，对于那些天才来说，他们多么希望自己有更多的时间来工作。

天赋，是成功的一部分，却不是不可缺少的一部分。马斯克对于航空技术了解得并不多，但是这没有妨碍他成为世界上成功的私人航天公司的老板。而努力却是成功中不可缺少的一部分，而且是占比例最大的组成部分。因此，你没有付出足够的努力之前，是没有资格谈天赋的。

③

马斯克的成功公式

成功，是每个人的期待，成功就意味着完成自己人生的目标，抵达自己人生的巅峰。成功是一个不断摸索的过程，每个人在成功之前都无法判断别人的道路是否符合自己。很多成功者，没有沿着他人的道路前进，但最终他们抵达成功的终点时，发现自己与其他成功者所找到的成功公式并没有太大的不同。或许，这就是有心栽花花不开，无心插柳柳成荫吧。那么，马斯克的成功公式是什么呢？那就是正确的方法 + 少说空话 + 努力 = 成功。

每个人都在寻找正确的方法，但是只有少数人找到了。很多人认为努力是成功中最重要的一部分，这种想法是有偏差的。努力是成功必不可少的一部分，但却不是最为重要的一个部分。正确的方法能够让你事半功倍，而错误的方法却只能让你一事无成。花费一定的时间去寻找正确的方法，并不是一种浪费，反而是一种提高效率，提高成功率的方法。磨刀不误砍柴工，说就是这个道理。那么，如何寻找正确的方法呢？

埃隆·马斯克也不是一开始就找到正确的方法，特别是在管理方面，他可以说是在不断地成长。最开始的时候，马斯克一心想要成为公司的 CEO，他想将公司全部掌握在自己的手中。结果，我们都知道，不管是挖掘到人生第一桶金的 Zip2，还是将他送上亿万富翁宝座的 PayPal，他都没能当好一个 CEO。如果说第一次失败让他很不服气，那么第二次的失败则让他获得了成长。他从彼得·蒂尔的身上找到了正确的方法，当一个 CEO 未必要把公司的一切事情掌握在自己手中。从那以后，不管是在 SpaceX 还是在特斯拉，他总是自己掌控最紧急的东西，将别的事情交给其他人负责。

寻找正确的方法并不困难，不管是阅读、观察，还是询问别人，搜集到足够的信息以后再进行独立思考，总能让你获得更多的灵感。他山之石可以攻玉，掌握的东西越多，你就越能找到正确的方法。

少说空话是成功公式的组成部分，但是重要程度却是最低的。

埃隆·马斯克在别人眼中是个口无遮拦的花花公子，但是从他口中的说出来的话，有些是空话，却不会给人空话的感觉。他曾说要让 SpaceX 成为人们太空旅行的第一选择，虽然在今后两三年里，SpaceX 会开办一些近地轨道飞船旅行项目，但实际上距离太空旅行还差得很远。不过，人们愿意相信他，因为 SpaceX 在不断地进步，迟早有一天 SpaceX 能够实现太空旅行，不过可能是在 50 年以后，或者 100 年以后。埃隆·马斯克说，从西木抵达洛杉矶的时间能够从 1 个小时缩短到 5 分钟。于是他创建了一家钻孔公司，开始在地下挖掘隧道。这件事情相比太空旅行，同样困难，不过人们愿意相信他，因为他已经开始做了。

想要让那些美好的预言、漫无边际的空话被人们相信，最简单的就是马上行动起来。你不需要一步就实现你说过的所有的事情，只需要让所有人知道你正在朝着你说过的话靠近就好。这个时候，你所说的话就不再是空话，因为你说过的话，早晚有一天会实现。

努力，是成功公式中占的比例最大的内容。任何一个成功人士的努力都贯穿了方方面面的内容。当你觉得如果你有他们那么多的创业资金，你也能够获得成功，但你却没有想过他们在筹集资金的时候付出了多少的努力。你觉得他们一路上有许多人相助，好像他们成功的道路有些畅通，但你却没有看到，为此他们付出了多少的努力。你觉得他们被上天眷顾，总是能够发现别人没有发现的新点子、新产品，却不知道他们做了多少次的实验、花费了多少时间进行尝试。

努力或许不是最重要的，但努力是必不可少的。想要做到少说空话，想要找到正确的方法，都需要大量的努力。埃隆·马斯克的努力就体现在各方各面。小的时候，他就努力汲取知识，阅读大量的书籍。而他离开学校以后，就开始努力地开创属于自己的事业。他学习如何写代码，成为一个程序员，学习如何管理公司，成为一家公司的 CEO。有些人认为，马斯克开创的众多公司颇有一种风马牛不相及的感觉，2017 年他开办了"无聊"公司，出售棒球帽等东西，2018 年他又有新的想法，想要开一家糖果公司。虽然他表示这些想法是信手拈来的，但这都是他努力搜集各种信息的结果。

正确的方法、不说空话、努力，这三个要素构成了成功的公式。没有正确的方法，会让成功之路变得漫长而艰难。不说空话，能够让你赢得更多的时间，获得更多的人气。努力，则是一切的基础，不努力，就只能完全靠命运女神的眷顾了。

④

努力，不是只有一种方式

努力，就是拿出自己所有的力量去做事。如今很多人单纯地认为一心扑在自己的事业上才是努力，其他的事情都是旁枝末节，甚至是不务正业。只要拿出所有的力量去做事情都叫努力，特别是与成功相关的事情。世界上所有的事情都是息息相关的，环环相扣的，你忽略了人生当中的一个细节，在某个方面放松了下来，或许认为有些事情不值得你去做，那么成功的道路或许不像你想的那样好走。

努力生活，也是努力的表现方式。生活简单吗？我们每个人都在生活，每个人都有自己的生活方式，但是生活并不是一件简单的事情。众所周知，漫威电影宇宙的开端是《钢铁侠》，埃隆·马斯克被称为"硅谷钢铁侠"，于是在电影拍摄的时候，罗伯特·唐尼亲自来到 SpaceX，想要见识一下埃隆·马斯克这位现实中的"钢铁侠"究竟是个什么样的人。在去 SpaceX 之前，唐尼在心中已经根据他得到的消息规划了一下马斯克的样子。一个每周工作时间几乎达到 100 个小时，热爱技术的狂人，如果他的穿着有些邋遢，他的办公室里有没吃完的食物，他因为没时间洗澡，身上有些异味，这都是正常的。

结果让唐尼非常意外，他之前所想象的一切糟糕的部分都没有出现，马斯克的着装非常得体，他的办公室和他的身上没有任何异味，干净、整洁的程度不像是个每周要工作 100 小时的人。这次拜访给罗伯特·唐尼留下了深刻的印象，在临走的时候他希望能够购买一辆特斯拉出品的 Roadster。《钢铁侠》上映以后，导演费弗洛也表示，托尼·史塔克这个角色有很多从马斯克身上获得的灵感。

马斯克开始以一个特立独行的商人形象被大众所熟知，特斯拉和 SpaceX 的曝光率也越来越高。《钢铁侠》电影成为了马斯克最好的宣传，也成为了特斯拉和 SpaceX 最好的宣传。

努力生活是人生当中重要的组成部分，即便是真正的工作狂，也需要花费时间来打理自己的生活。你可能不介意你的着装是什么样的，你的头发是否干净，你工作的环境是否整洁，但并不是所有人都不在乎的。这些生活中的东西是你身上不可磨灭的符号，不管是你在工作当中获得了多少成就，也无法彻底掩盖这些东西给其他人留下的印象。所以，我们要打理好自己的生活，如果你缺少时间来做这些事情，那么就更加需要努力去做了。

努力保证自己的健康。健康是一切的基础，如果没有健康，那就什么都做不到了。健康能够保证你的体力，保证你的精力，能够让你有更多的时间投入到追求成功的道路上去，而不是求医问药。世界上众多的成功人士，都非常在意自己的健康问题。埃隆·马斯克即便是一周工作 100 个小时，仍然保持健身的习惯。因为他知道，一旦自己倒下，那自己的梦想就要付诸东流了。他在和第一任妻子贾斯汀度蜜月的时候，就曾经遭受过疟疾的打击，差点要了他的命，从那以后他开始锻炼身体，让自己像一个拳击手般强壮。

Facebook 的扎克伯格同样对自己的健康非常重视，他在 Facebook 蒸蒸日上的时候觉得自己的健康是重中之重，于是他为自己制定了严格的健身计划。最开始的时候他并不强壮的身体不能够承担太大的运动量，于是他就将锻炼的时间分散到了工作和生活当中。经常在开会的时候，他的闹钟提醒他该锻炼了，于是他就会离开座位，一边做俯卧撑，一边继续进行会议。即便是在他与合作伙伴商量事情的时候，一旦到了锻炼的时间，就会在众目睽睽之下开始运动。

努力让自己变得健康，才能够让自己在成功的道路上走得更远。不要拿年轻当借口，也不要用忙碌做借口，想要让自己变得健康，努力就能够做到。扎克伯格可以利用生活、工作当中任何一段时间来锻炼自己的身体，马斯克也能够像挤海绵一样挤出一点时间来保证自己的健康，你还有什么借口呢？

努力处理好自己的家庭关系。在这个世界上，与我们最亲近的人，就是我们的家人。这不仅是血脉相连的原因，更是因为他们是我们相处时间最长的人。我们在乎我们的家人，不管是父母还是子女，他们的事情总是能够触动我们的心弦。所以，我们想要获得成功，就必须搞好家庭关系，当我们沮丧的时候，家人的鼓励和期盼会成为我们的力量。而如果处理不好家庭关系，感情上的阻碍会让我们变得沮丧。

埃隆·马斯克的婚姻是人们津津乐道的话题，他与第一任妻子贾斯汀的离婚一度让他陷入了口诛笔伐。贾斯汀是个女强人，两个控制欲都很强的人走不到最后也是理所当然的事情。当时特斯拉和SpaceX都陷入了危机，再加上贾斯汀执意要离婚。为了不让家庭成为自己的拖累，马斯克快刀斩乱麻，主动将一纸离婚协议书送到了贾斯汀的面前。在下一段感情里，马斯克更加认真，他和莱利分分合合，最终还是没能够在一起。

在成功的道路上，任何一个方面都需要格外的努力。只有在所有的方面都下足了功夫，你才能心无旁骛地走上成功的道路。如果你将所有的努力都放在了事业上，都放在了你认为能让你成功的东西上，那么即便有一天，你来到了成功的巅峰，也会发现自己已经衣衫褴褛、遍体鳞伤了。此时，再回头看自己走过的道路，是否会有一种得不偿失的感觉呢？

第八章 /

财富原则

你追它，不如让它追你

①

让财富追着你走

钱不是万能的，但是没有钱是万万不能的。追逐财富并不可耻，甚至可以说追逐财富是一种雄心壮志的体现，因此，在这个世界上追逐财富，想要获得大量财富的人数不胜数。偏偏有些人，他们并没有对财富疯狂地追求，对钱财也看得不重，但财富偏偏追着他们走。

马斯克在 12 岁的时候就出售了自己所编写的游戏代码，赚到了自己人生中的第一笔钱。这笔钱不多，只有 500 美元。但是不可否认的是，这是其他同龄人很少做到的事情。从那以后，不管是 Zip2 还是 PayPal，都让他的财富以喷发的状况倍增。如今，他已经是一位亿万富豪了。那么，马斯克究竟有着怎样的魔力，能够不断地吸引财富，成为亿万富豪的呢？

首先，马斯克有强烈的责任感。事业对于每个人来说都有不同的意义，有些人将事业看成是自己获得更好生活的垫脚石，有些人将事业看成是自己人生的终极目标，还有些人认为自己的事业可以改变人类的命运。马斯克是后一种人。他为自己的事业付出了很多。

有些专家对马斯克的投资事业做了总结，认为马斯克总是在投资自己。PayPal 的 1200 万美元，SpaceX 的上亿美元，还有其他许多公司，都是马斯克对自己的投资。马斯克虽然投资了自己，但是他所投资的项目都是一些前途未卜，甚至可以说失败的概率远远高于成功概率的项目。

有报纸报道，马斯克不断地用自己其他企业的股份套现，去支持自己的另外一家企业。马斯克自己也承认，他有着大量的私人债务。如果他的事业失败了，那么损失最大的就是他自己，而不是其他股东。

正是因为此，风投公司才大胆地将钱投入到马斯克的公司，而大量的注资让马斯克的财富水涨船高。就拿特斯拉来说，截止到 2016 年，马斯克持有 22% 的股份，其价值超过了 95 亿美元。

其次，马斯克的激情无可比拟。对于创业者来说，激情是必不可少的，如今很多创业者在创造财富的时候，都充满激情。但是，马斯克的激情和其他人有些不同，他的激情并不是流于表面的。在演讲的时候他不会激情四射，也不会将他本来就野心勃勃的计划进一步夸大。他的激情，是完完全全融入工作当中的。当他工作的时候，他可以心无旁骛地将自己所有的时间都投入进去。

最后，马斯克总是能够着眼未来。财富是跟着什么走的？财富可能追逐的是人们根深蒂固的习惯，可能追逐的是让人们过去的生活变得更舒适的东西，但是财富同样也是在追逐未来的。未来总是能够给人们无限的希望，特别是一个无人涉足的领域。人们将这样的地方称为"蓝海"，而埃隆·马斯克就是那个善于发现蓝海的人。

从马斯克成立 Zip2 开始，不管是网络银行全新的支付方式，还是特斯拉全新的电动汽车，更别说 SpaceX 将人类送上火星的梦想，这些都是从来没有人涉足过的全新领域，在这些领域里，只要你走得够快，那么就能够攫取大量的财富。

马斯克拥有的能力注定了他要被财富所追赶，但是如果某一天，他随着年纪、身份、地位的变化，失去了这些能力，财富是否还会追赶他就未可知了。但是，财富青睐的并不是只有这几样东西，或许在我们的身上，也会有财富青睐的东西，也会有吸引财富的特质。

②

你的"财富引力场"在哪儿

追逐财富的人数不胜数，但是有多少人达成了自己的目标，获得了自己想要的财富呢？万中无一。人们对于财富的欲望总是在不断地增长，很多人从小就对财富有一个概念，这个概念会随着人的成长而不断地膨胀。小的时候可能只想要钱来买自己喜欢的玩具，稍微大一点又希望有更多的钱去玩乐，但是真正成熟以后，就会开始追求能够满足自己生活的财富了。但是，成功者们是怎样追逐财富，或者说吸引财富的呢？他们获得的财富有没有达到自己的目标呢？这一切都与个人的"财富引力场"有关。

"财富引力场"究竟是个什么东西？简单地说，"财富引力场"就是一个人吸引财富的特质。财富也是有自己的眼光的，它青睐那些能够吸引它的人，因为这些人身上有它所喜欢的特质。你身上是否有这些特质？那么我们接下来就说说，"财富引力场"的特质有哪些。

第八章

——

第一，理想。人们从小到大，理想总是不断变化的。当我们还是孩子的时候，理想往往显得有些不切实际，而随着年龄的增长，心理慢慢成熟，理想也会被不断修正。不过，有些人的理想却没有被修正，不仅因为这些理想符合实际，有些时候更是因为这些理想是他们的原动力。只有保持这种原动力，才能促成他们日后的成功。

巴菲特从小的理想就是打开财富的大门，所以他在投资界翻云覆雨。杰夫·贝佐斯的理想就是去看看宇宙，所以他在有了足够的积蓄以后创建了"蓝色起源"公司。埃隆·马斯克的理想是什么呢？这与他生活的环境息息相关。他出生在非洲，聪慧的他从小明白了一个道理，那就是其实人类众多争端的原因，最终都是资源上的争夺。于是，他就萌生了消除争端，拯救人类的理想。

马斯克日后的事业无一不与拯救人类相关，太阳城和特斯拉是为了减少人类对地球资源的消耗，SpaceX 是为了寻找一个当地球已经不堪重负的时候人类还能够继续生活的地方。OpenAI 是为了让 AI 更好地服务人类，而"脑机接口"工程是为了当 AI 对人类造成威胁的时候让人类还有还手之力。正是儿时拯救人类的理想，让马斯克有了今天的成就。

一个伟大的理想，是人类雄心壮志的基础。没有这些雄心壮志，拿什么去吸引财富呢？如果你的理想只局限在一个很小的圈子里，那么你所能够吸引的财富的范围，也只能在这个小圈子里。

第二，好奇心。好奇心是个奇怪的东西，人们在好奇的时候，往往会忽略事情的风险。有些时候好奇心会为你带来愉快，有些时候会带来危险。人们说，好奇害死猫，并不是没有道理的。但是，如果一个人连好奇心都没有，又怎么能够去探索广大的未知世界，找到无人涉足过的"蓝海"呢？

马斯克永远都有非常强的好奇心，这一点从小到大都没有变过。在他小的时候，并不能对这个世界进行太多的探索，于是他了解世界最好的办法就是读书。在他三四年级的时候，就已经读完了学校图书馆中所有的书，并且游说图书馆负责人订阅更多的书籍。后来，他看完了《大英百科全书》，并且做到了烂熟于心的地步。他阅读书籍不是为了从书里找到什么答案，而是想要知道更多的东西。

长大以后，马斯克开始对世界上一些新的事物和人类研究已久不能突破的东西产生了兴趣。正是因为他有着这样的好奇心，才能迅速地接触互联网，在互联网上展开他的第一项事业。也正是因为如此，他才结识了很多在航空领域有建树的人，并且最终创建了 SpaceX。

第三，冒险精神。只有敢于冒险，你才能够在其他人还在做准备等待机遇的时候先一步抓住机遇。也只有冒险精神能够让你在没有人开拓的领域当中找到机遇。

埃隆·马斯克是个富有冒险精神的人，这种冒险精神来自遗传。可以说他天生就是个冒险家。他的外祖父和外祖母曾在仪器非常简陋的情况下驾驶飞机从非洲抵达澳大利亚，而马斯克小的时候也制造过炸药和火箭。每当谈起那段经历的时候，马斯克就无不唏嘘地说："我真庆幸，我的十个指头现在都在。"

长大以后的马斯克同样有冒险精神，事实上，他的每一次创业都是一次冒险。他在一无所有的情况下从父亲那里得到了 3 万美元的投资才有了 Zip2。而 PayPal 他拿出了自己一半的财产作为创业基金，并且还准备了 400 万美元作为后备金。特斯拉和 SpaceX 在刚刚创立的那几年，是不折不扣的吞钱机器，这两家公司几乎将马斯克在其他地方赚来的钱消耗殆尽。但正是这种冒险精神，成就了今天的他。

③

埃隆·马斯克的投资哲学

很多人都知道埃隆·马斯克创办了四个世界闻名的独角兽公司，涉猎众多领域并且取得惊人的成就，但在这些光环之下，不少人却总是不自觉就遗忘了他的另一个身份——投资人。

马斯克是个不折不扣的梦想家，同时也是个勇往直前的实干家，他敢想，更敢做。而要把理想变为现实，这绝不是一朝一夕就能完成的，必然耗去难以想象的精力和财富。马斯克的梦想很远大，关乎着全人类的未来，因此，一直都拥有着巨额财富的他，实际上也常常会陷入"钱不够用"的尴尬境地。毕竟他所做的事情都太"烧钱"了。

马斯克能花钱，同时也非常能赚钱，在个人财富的积累上，他绝对称得上是一位成功的投资人。纵观马斯克的投资和创业史，你会发现，他是个极其善于从错误中总结经验教训的人，并能根据这些经验和教训积极有效地调整自己未来的行动，这一点非常值得我们学习。

我们不妨先来了解一下马斯克的投资生涯：

第一阶段：早期创业者

Zip2 是马斯克从斯坦福大学辍学之后的第一次创业，做的是帮助新闻媒体开发在线内容出版软件的工作，除了可以将传统媒体的内容和信息发布到互联网平台上之外，Zip2 还提供黄页和白页的功能。

后来，Zip2 得到了风险投资人莫尔·达维多的青睐，并从他那里获得 300 万美元的投资，马斯克在公司的股份也被稀释到了 7%，对公司的发展业务控制力严重减弱。最终 Zip2 被美国电脑制造商康柏公司所收购，马斯克从中赚了 2200 万美元。

同年，马斯克拿出 1000 万美元，创办了线上银行公司 X.com，并于 2000 年 3 月与另一家金融创业公司 Confinity 进行了合并，PayPal 就这样横空出世了。然而不久之后，马斯克因和 PayPal 的另一位联合创始人意见不合，最终被踢出了董事会。一直到 2002 年，PayPal 被 eBay 收购，马斯克带着自己应得的 1.8 亿美元离开了。

第二阶段：身兼数职

有了 PayPal 带来的巨额财富之后，马斯克没有浪费任何时间，很快就创办了太空探索技术公司 SpaceX，后来又先后在特斯拉投资了 7000 万美元，除了这些之外，马斯克还启动了太阳能项目 SolarCity，他不仅为该公司提供了种子资金，出任董事长一职，并且此后又相继为该公司提供了三轮融资资金。

第三阶段：集团企业首脑

特斯拉曾有过一段非常艰难的时期，幸好在马斯克的坚持之下，成功渡过了那段时期，迎来了新的春天。而在特斯拉获得稳步发展之后，SpaceX 也被马斯克逐渐带上了正轨，并开始展现出强劲的发展势头。

随后，马斯克的这三家公司开始有了更为紧密的联系和交集，在 2016 年的时候，特斯拉和 SolarCity 因明显的协同效应而在股东们的支持下成功合并。

在此期间，马斯克还一直进行着天使投资，他的投资领域主要集中在人工智能和生物技术领域。

总体来说，马斯克的投资都是颇为成功的，在他所有的投资案例中，只有一个彻底失败的项目，那就是对 HalcyonMolecular 的投资，这个项目不仅烧光了投资人的钱，并且仅仅只坚持两年就关门

大吉了。当然，马斯克也不乏那些给他带来巨大收益的投资，比如
Everdream 和 DeepMind 就为他带来了不小的回报。

纵观马斯克在创业和投资方面的发展，可以总结出一套独属于
他的投资哲学：

第一，掌控公司控制权。经历了 Zip2 和 PayPal 两个创业项目之
后，马斯克学到了非常重要的一点：对于自己的公司，还是得牢牢
掌握住控制权。

不管是 Zip2 还是 PayPal，虽然都给马斯克带来了巨大的收益，
但从结果来看，很显然马斯克是非常不满意的。在提及 Zip2 时，马
斯克曾这样说过："他们本该让我继续负责管理这家公司，要知道，
一家由风投或职业经理人接管的公司，永远不会有什么好结果的。
不可否认，这些人有很高的动力，但他们却缺少创造力和洞察力——
至少大多数人是没有的。"

我们可以看到，在马斯克职业生涯的第二阶段，尤其是在投资
特斯拉的时候，他一轮接一轮地参与到了融资中，不断加强自己对
这家公司的控制力和影响力。很显然，他牢牢记住了前两次的失败，
为了避免重蹈覆辙，对特斯拉的一切可以说都是亲力亲为的。

第二，现金不多，资产充足。通常来说，在正常的投资组合中，

风险分析师一般都会建议投资人将 2% 的资产用作风险投资资金。但马斯克不会这么做，只要手头有钱，他就毫不吝啬地将其全部投入自己所感兴趣的项目中。也正因为这样，所以即便非常富有，但每一次马斯克的投资都会让人感到惊心动魄，似乎时刻都游走在破产的边缘。

在 2010 年的时候，有关马斯克离婚的法律文件传出，从这些文件中可以看到，因为同时投资数家公司，所以马斯克虽然拥有巨额的账面财富，但他的流动资产却微乎其微。这让他在每一次的投资中都承担着巨大的风险。

对此，马斯克自己是这样说的："如果我让投资人给我的项目投钱，那么我就应该先把自己的钱都投进去。毕竟要是连我自己都不愿意从这个果盘里吃东西的话，我又怎么能让其他人从里面拿东西吃呢？"

第三，不畏风险，通常是个人的金融风险。不管是创业还是投资，马斯克都是极其"疯狂"的冒险者。他从来都不畏惧风险，尤其是个人的金融风险。为了保证自己对公司的控制力和影响力，马斯克通常会以个人借贷的方式来渡过资金短缺的难关。

马斯克从企业中获得的薪资是非常少的，而他除了把自己的大部分资产都用于投资之外，通常还背着不少的贷款。因为一直毫不吝啬地往自己的企业里投资金，所以马斯克实际上一直都面临着极高的风险，就像在最前方冲锋陷阵的将军一样，但或许也正是因为这样自信而强悍的姿态，使得很多投资人都愿意在他身上"冒一次险"，也正因为如此，在很多危急时刻，他总能想办法筹集到资金，帮助自己和公司渡过难关。

4

财富与梦想：相互博弈，相互成就

有人说："一个人连梦想都没有的话，那和咸鱼有什么区别？"而埃隆·马斯克则用自己的实际行动无可辩驳地证明了这句话的价值与意义。

人们常常会将财富与梦想放到天平的两端，仿佛这二者是天生的敌人一般，选择一个，就必须放弃一个。但事实上，财富与梦想之间的关系是非常微妙的，有时，它们在相互博弈，你必须为了一个而让另一个妥协；但更多时候，它们却又是相互成就的，没有财富的支撑，梦想终究只是海市蜃楼，而缺乏梦想的源动力，再多的财富又有什么意义？

在财富与梦想的议题中，埃隆·马斯克无疑给世人呈现出了完美的一份答卷。财富于他而言，是实现梦想的工具；而梦想在他手中，又成为了创造财富的助力。在这样一种微妙的平衡之中，马斯克一步步走出了独属于自己的传奇。

在很多人眼中，马斯克是个疯子，这一点在他义无反顾地成立SpaceX时体现得淋漓尽致。

众所周知，探索太空的道路，从来就不是一帆风顺的，因此，几乎没有任何一个私人企业愿意将过多的财力和物力投注到这一领域。更何况，即便真能在这一领域取得一些成绩，如何盈利也是个大问题。

对太空感兴趣的科技巨头并不在少数，除了马斯克之外，谷歌的创始人谢尔盖·布林和拉里·佩奇、亚马逊的创始人杰夫·贝佐斯等，实际上也都是太空爱好者。在这一领域，贝佐斯也投入过不少资金搞了一个蓝色起源计划，但即便如此，他的重心始终还是放在亚马逊上。

马斯克与他们最大的不同就在于，他是完全将SpaceX当作自己的事业来做的，甚至为此不惜孤注一掷。在这条道路上，马斯克所收获的失败要远远多于成功，火箭一次又一次地爆炸，公司一次又一次地陷入资金短缺危机，不管他在成本方面控制得有多厉害，或许也是永远都见不到回报的。

可即便如此，马斯克也不曾有过半分退缩，后来终于在他弹尽粮绝的情况下，他的"福尔肯9号"成功实现了与国际空间站接轨。这是人类第一艘由私人建造的空间飞行器能够做到这个地步。

SpaceX的确非常了不起，在未来，它或许还能做到更多，拥有更大的潜力，但客观来说，在马斯克有生之年，它所能带给他的回报可能是极其有限的。马斯克不会不明白这一点。那么，究竟是什么促使他投入这个领域，并且无怨无悔呢？

马斯克曾谈起过他创办SpaceX的契机，那时候，他刚因为卖掉PayPal而赚了一些钱，一次无意中，他看到NASA官网上发布了一则消息：美国将减少探索太空的预算，而火星计划更是被完全砍掉了。

那则消息让马斯克感到十分沮丧，从小他就是个不折不扣的太空迷，一直梦想着能够建立一个跨星球的太空人类基地，改变人类的未来。可现在，政府却不愿意继续在这个领域努力了，该怎么办呢？马斯克立刻做出决定——自己来。

这个想法或许很惊人，但绝不是马斯克一时冲动之下作出的决定。要知道，他是一名懂技术的物理学家，同时也是一名懂经济学的商人，他甚至比官方机构还要更清楚投入这一领域是一件成本多么高昂、回报率多么低的事情。但他还是义无反顾地去做了，甚至不惜变卖家产、倾其所有地来支撑这个梦想。

他是个梦想家，但同时他也是一个实干家，一个商人。因此，在为梦想倾注一切的同时，马斯克也在努力地做着商业规划，并想方设法地进行成本方面的控制和缩减。对于他来说，财富与梦想从来都不是单选题，他愿意用财富去支撑梦想，实现梦想，同时也会想方设法地让梦想来帮助他创造收益。

虽然马斯克在多个领域都有所涉猎，这些领域之间似乎也并不存在什么联系，马斯克曾说过，他想要改变世界，拯救全人类。而事实上，他也用自己的实际行动来证明了他绝对不是在开玩笑。

如果马斯克仅仅只是一个成功而富有的商人，那么人们在看到他的名字时，除了感叹一句"真有钱"之外，或许不会对他留下任何印象。但伟大的梦想和抱负却让马斯克成为了一个传奇，让他在历史上留下浓墨重彩的一笔。

谷歌的 CEO 拉里·佩奇在接受采访时曾说，希望在自己百年之后，能将留下的数十亿财产都交给那些梦想改变世界的人，比如埃隆·马斯克，这比把钱捐给慈善组织更有价值和意义。

佩奇还表示，马斯克所提出的让人类移居火星的计划实在是太激动人心了，或许在若干年后，这一移民计划将会成为拯救人类的

"挪亚方舟"，这对人类而言绝对是最大的慈善事业了。

财富是马斯克实现梦想的基石，但反过来说，梦想又何尝不是帮助马斯克获得财富的助力呢？在惊心动魄的创业和投资过程中，马斯克曾数次遭遇过资金方面的危机，但每次在最困难的时候，他总能想办法获得他人的信任和投资，从而渡过难关。能够做到这一点，足以说明马斯克是个极具魅力，并且让人信服的人。而他内在的魅力就正源于对梦想的执着与坚持。

第九章 /

思维原则

想前不如想后，想得不如想舍

1

要有超前思维

人们赞赏超前思维吗？这是当然的。不管我们处在人生任何一个阶段，只要在学习，在上课，老师总是会告诉你，要有超前思维，要走到所有人的前面。超前思维的确是个好东西，它能够让你快人一步，想到很多奇妙的点子，让你成为人们眼中的明星，让你享受快人一步的优越感。但是，在"超前思维"这个词语中，"超前"这两个字显得有些笼统。只要你的思想超过了其他人，都可以被称为是超前。不过究竟超前了多少，这个就有待商榷了。有些时候超前是一件好事，而有些时候可能并不那么好。

哥白尼、布鲁诺这两位天文学家是日心说的奠基者和推动者，如今我们都知道，地球是围着太阳转的，所有的星球都围着地球转，这是个错误的想法。但是在当时，敢于冒天下之大不韪提出日心说的哥白尼和布鲁诺显然不能被人们理解，甚至遭受了很多残酷的对待。当时，这不过是一种极端的情况。更多的时候，这种具有超前思维的天才人物只是因为不被人理解，而埋没了他们辛辛苦苦提出的研究成果而已。

埃隆·马斯克显然是具有超前思维的，并且这种超前思维、这种着眼于未来的能力，从他小时候就开始展现了。马斯克出生在南非，他在 12 岁的时候完成了自己编程的游戏，并且把这个游戏卖了 500 美元。这件事情听起来似乎并没有什么不寻常的地方，顶多是一个聪明一些的天才儿童在小时候就崭露头角了。实际上，结合非洲的背景，这件事情就有些不同寻常了。

马斯克在 10 岁的时候第一次看见真正的计算机是什么样的，他缠着自己的父亲为他买下来。在他的软磨硬泡之下，得到了自己人生中的第一台计算机 CommodoreVIC-20。在这件事情上，他的父亲并不支持他，虽然他的父亲是一名工程师，但是却并不看好这个玩意儿。在他父亲的眼中，这台计算机除了玩游戏之外什么都干不了。据马斯克的父亲描述，当时非洲知道计算机是什么玩意儿的人没有多少。

如果说当时作为一个孩子的他还只能看见未来几年的光景，那么大学时候他已经具有了相当卓越的眼光。如今，人们都知道，马斯克最有名的三家企业分别是太阳城、特斯拉和 SpaceX，不过这三家企业相关的构想在马斯克上大学的时候就已经初步在脑海里形成了。他在宾夕法尼亚大学写的第一篇论文就是关于太阳能的，而在第二篇论文中描述了适合汽车、飞机使用的超级电容器。

时间到了 2018 年，21 世纪 20 年代的尾巴上，马斯克的超前思维又让他多了 AI 技术、脑机接口、超级地铁这三家企业。人们嘲笑他的想法，包括他在 2018 年 4 月份做的几次演讲中，数次警告人类警惕 AI 的威胁。如今，人工智能八字还没有一撇，从现在就开始警惕人工智能，的确显得有些小题大做了。但是，我们不妨看看马斯克之前的经历，或许就觉得他的演讲并不是那么可笑。

马斯克的第一桶金是靠出售 Zip2 赚来的，这个项目是个完全的互联网项目，旨在让中小企业利用互联网推广自己。如今，各种中小企业的推广网站层出不穷，但是马斯克提出这个想法的时候是 1995 年。在那个时候，万维网刚刚向公众开放，知道什么是互联网的人不多，更别说小企业了。在当时，推销实体企业黄页还是一件非常正常的事情，有谁将眼光放在互联网上呢？

如今，支付宝、微信支付已经走入了中国乃至全球的各大城市。很多城市甚至连银行卡都不用带，只需要一部智能设备，就能够完成所有的支付任务。而马斯克想要打造 X.com，实现线上支付的时间是 1999 年。当然，早在 1995 年的时候他就有过这样的想法，只不过当时的他一穷二白，根本没有办法实现这件事情。X.com 的想法是超前的，是不被人理解的。就连公司的联合创始人，在金融界颇有建树的哈里斯·弗里克都无法理解他的想法。最终因为更想要做一个传统银行模式，和马斯克分道扬镳了。

2002 年 6 月，SpaceX 成立了，没有人看好这家公司，因为这家公司并没有官方背景，并且从事的是世界上科技含量最高的行业，航天科技。如果你去世界上最大的视频网站 YOUTUBE 搜索火箭发射失败，那么你可以找到美国和俄罗斯在过去几十年里火箭发射失败的上千个视频。即便是这样，马斯克仍然去做了，他已经不满足于投资几千万将老鼠送上天。

马斯克的超前思维让他经手了 4 个价值超过 10 亿美元的公司。即便人们在当时并不能理解马斯克要做什么，但是这却不能妨碍他成功。也正是因为马斯克拥有的超前思维，他才能够被称为现实版的钢铁侠，称为硅谷中炙手可热的人物。

具有超前思维，这是一件好事。即便有些人不能理解超前思维，有些人因为超前思维而失败了，但是这并不完全是思维的错。饭要一口口吃，路要一步步走。只要步伐稳健，成功就不会有那么多的阻碍。马斯克的愿望是殖民火星，但这并不妨碍他从制造火箭的推进器开始。试想一下，如果他从卖掉 PayPal 开始，就计划着用发射一次要花掉几千万美元的火箭把人送到火星上生活，那么马斯克早就像其他将大量金钱投入到航天事业最后却没有获得任何回报的前辈那样退出这项事业了。

超前思维是可以运作的，超前思维也是可以逐步实现的。超前思维所能带来的利永远要大于弊。因此，有了超前思维是一件好事，即便不能被其他人理解。

②

满足越多人越成功

商人的本职就是将商品销售给其他人，从中获利。而将产品销售得越多的商人，就能够积累越多的财富，成为更加成功的人。同理，不管是从事任何行业，只要能够满足大多数人的要求，那么就必定能够成功。或许有些人不能理解，认为很多奢侈品只满足了少数人，却也能赚得盆满钵满，那是因为这些品牌瞄准了这个目标群体，而这个群体中只有这些人。

埃隆·马斯克在大多数人眼中是个只想要满足少数人的家伙，从他过往的经历当中，我们能够窥探到这种说法的来源。2006 年，特斯拉的第一辆电动汽车——Roadster 出现在人们的眼前，在硅谷乃至整个美国都引起了巨大的风潮。当时特斯拉的员工已经超过了 100 名，但是初次亮相的 Roadster 销量只有 30 辆。虽然后来 Roadster 获得了不少的订单，但实际上交到客户手中的 Roadster 又有多少呢？Roadster 在 2007 年被评为当年硅谷最失败的产品，而因为出现的种种问题，在 2008 年进行全面重做。Roadster 虽然成功地引起了人们对特斯拉的主意，但是却没有满足大多数人。

SpaceX 公司主要的业务是发射火箭和航天飞船。这又是面向多少人的业务呢？在绝大多数人的眼中，航天事业离他们实在是太过遥远了。即便是 SpaceX 已经将发射火箭的费用降低到了一个令人难以置信的价格，但是这仍然不是绝大多数人会考虑的问题。即便是拿得出这笔钱，人们又要坐火箭上天干什么呢？

正是因为不能面对绝大多数人，马斯克的事业前期并没有获得成功。SpaceX 一直在亏损，特斯拉一直在亏损。这两家公司就如同无底洞一样，需要马斯克不停地把钱填进去。真理掌握在少数人的手中，但是消费能力却是掌握在大多数人的手中。即便一件商品多么有价值，不可能有人无休止地需要这件东西。只有成为大多数人都需要消费的产品，这件商品才是真正成功的。其他的事情也是如此，能够赢得更多人喜欢的演员就是更加成功的演员，能够有更多学生喜欢的老师就是更加成功的老师。马斯克不懂这一点吗？显然不是的。

从 Zip2，马斯克第一次创业开始，他选择创建一个为中小企业做推荐的网站，这正是为了满足大多数人而做出的一个选择。毕竟中小企业多还是大企业多，这是一个不需要思考的问题。PayPal 创立的时候，虽然当时认为网络支付并不实用的人占了大多数，但是马斯克知道，只有满足了大多数人才能够成功。于是，他开始使用各种方法让人们注册 PayPal，不惜为每个注册的用户送上 10 美元的现金。特斯拉同样是瞄准大多数人的产品，从特斯拉的定价就能看出，一辆只卖几万美元的汽车，瞄准的可不是有钱的群体。只可惜特斯拉的产能始终上不去，让这款本应该满足大多数人的产品变成了只能满足少数人的产品。至于 SpaceX，同样是想要满足大多数人的公司。马斯克的梦想是火星殖民，而 SpaceX 是这个计划的基础。如今用上 SpaceX 的人并不多，但是将来呢？如果有 100 万人或者更多，通过 SpaceX 提供的廉价太空飞行计划抵达了火星，那么 SpaceX 是否面对的是少数人呢？

马斯克是否满足了大多数人呢？ 2017 年底，马斯克在一次堵车当中萌生了一个想法，他组建了一家全新的公司。这家公司并非高科技公司，也不是什么高科技产业，而是一家生产棒球帽、火箭枪等小玩意儿的公司。由于灵感来自于马斯克在堵车中百无聊赖的思想，他将公司命名为 Boring。这家看似玩笑般的公司，截至 2018 年 3 月，售出的棒球帽没多久就超过了 30000 顶，火箭枪也有相当不错的销量。Boring 短短几个月的销售额，已经超过了 500 万美元。

有人认为，马斯克的项目，不管是特斯拉还是 SpaceX，又或者是他的超级地铁计划，无非都是将美梦卖给了大家。真正想要实现马斯克许下的承诺，还差得太远。一个仅仅贩卖梦想的人，是不可能受到这么多人的喜爱、不可能满足这么多人的。

只有满足大多数人，才能获得成功。腾讯的成功，就很好地揭示了这个道理。有多少专业人士对腾讯公司的游戏口诛笔伐，认为画面落后，游戏模式也不新颖，但实际上，腾讯已经是世界前 10 的游戏公司了。腾讯游戏主要成功的原因，就是满足了大多数人。

只满足少数人，是永远都不可能成功的。曲高和寡、阳春白雪，这样的东西能够更好地展示自己，展示自己的水平和能力，但是却无法获得成功。好莱坞被称为造梦工厂，出产了众多的商业大片。这些大片并没有太多的艺术性，但是却能满足大多数人的口味，创造一个又一个票房的高峰。

因此，想要获得成功，必须站在大多数人的角度上去思考问题，要想办法满足大多数人的需求。满足的人越多，那么你就越接近成功。

3

重视反馈，避免一意孤行

任何一个成功者，所思所想必然有其独到之处，也正因为这样，他们才能从芸芸众生之中脱颖而出，创立自己的功业，走到比别人更高的位置，获得比别人更多的成就。但即便这是一个标榜个性的时代，也不意味着人可以脱离社会、脱离他人而生存，你可以特立独行，但绝不能一意孤行。

尤其在做事业方面更是如此，不论你所从事的是哪行哪业，你所做出来的东西必须得到他人的认可和接受，这样你的事业才能成功，也才有持续发展下去的可能。如果只一味沉浸在自己的世界里，却丝毫不顾及别人的想法和看法，那么不管你的创意有多么天才，你的理念有多么先进，只要无法被世人所接受，你就永远也无法叩开成功的大门。

一个成功者，必然是一名优秀的历史前瞻者，但绝对不会是脱离时代而独活的人。埃隆·马斯克可以说是硅谷天马行空的成功者，他的想法和理念总是能够快人一步，敢想别人不敢想的，更敢做别人不敢做的。网上支付、清洁能源、太空科技、超级隧道、胶囊列车……他总是走在很多人的前面。

每当他开始一项天马行空的事业，都会有无数人惊叹："你这个疯子！"偏偏最终，他总能拿出一份让所有人都哑口无言的精彩答卷，为自己的人生履历又添上精彩的一笔。

或许你会说：瞧！埃隆·马斯克不就是个一意孤行的人吗？正因为他敢一意孤行，所以才能在无数人阻止他前行时力排众议，缔造硅谷的传奇不是吗？

如果你这么想，那么你就大错特错了。

不可否认，马斯克绝对是个特立独行，并且敢于坚持自己想法的人，所以，只要是他想做的事，他认为自己应该做的事，哪怕无数的人挡在前面说"不"，他也会义无反顾地遵从自己的想法去做。

但与此同时，马斯克也是个非常重视反馈的人，而不是那种只懂得埋头苦干，却完全不关心自己所做的事情是否能够达到预期效果的人，这一点在他做事的许多细节中都能体现出来。

在 PayPal 创立初期，马斯克的野心其实很大，他试图将 PayPal 打造成为一个提供整合性的金融服务的工具，这是一个非常大并且也非常复杂的系统。

那时候，马斯克还是个雄心勃勃的青年，希望自己的作品无所不能。但很显然，相比他的热切，其他人的反应可就冷淡多了，每次他兴致勃勃地向别人介绍这套系统的时候，对方都不感兴趣。

虽然自己的构想未能收获预期中的反响，但马斯克并没有因此就灰心丧气，他敏锐地发现，虽然大家对这套系统的确没有太大的兴趣，但只要介绍到系统中一个关于电子邮件付款的小功能时，许多人都会表现出极大的兴趣。

最终，马斯克和他的合伙人决定将这套系统的重点放在电子邮件付款功能上，后来的事情大家都知道了，PayPal 果然一炮而红，并为马斯克带来了他人生中的第一笔巨额财富。

每当回忆起当初 PayPal 诞生的过程，马斯克都感叹不已，如果当初不是因为注意到了别人的反应，并做出相应的调整和改变，PayPal 未必会取得这样的成功。可见，做事业，搜集回馈是非常重要的，在事情进入实践之前，再完美的设想也不过是假设而已，与市场不可能做到百分百的契合，而回馈便是能够帮助我们缩小设想与现实之间差距的重要标杆。

马斯克所创立的特斯拉同样也体现出他对市场反馈的重视。以往大多数人对电动车的印象都是：速度慢，跑不远，外形难看土气，和高尔夫球车没有什么两样。于是，为了颠覆人们对电动车的刻板印象，特斯拉开发出了 Roadster ——一款速度快，性能佳，跑得远，而且造型还十分拉风的电动跑车。

无论是特斯拉还是 PayPal，它们之所以能够获得成功，都是因为符合了市场的期待和人们的需求。因为市场需要，客户需要，所以它们的产品才有了存在的价值和意义，它们也才能够持续不断地发展下去。

人应是立足于当下的，如果不能把脚牢牢地踩在地上，那么不管你的思维有多么超前、多么令人惊叹，也只能构建一出美好的海市蜃楼罢了。所以，在这个彰显个性的时代，你可以特立独行，成为人群中最与众不同的那个人，但你绝不能一意孤行，只活在自己的世界里。

④

科学性思维：从教条中解放

PayPal、特斯拉、SpaceX——埃隆·马斯克为什么可以如此成功？他的秘密武器究竟是什么？这大概是无数人都问过的问题。这位充满传奇色彩的"跨领域之王"，这位总是走在时代前沿的硅谷"钢铁侠"，他究竟因何而与众不同？

一个人能活成什么样子，更多地取决于他的思维和想法。能力再强，没有精准的战略眼光和超前的思维及想法，一个人的发展都是极其有限的。如果上天赋予了你改变世界的力量，可你却根本没有生出过改变世界的想法，那么这种力量对于你来说就形容虚设，不会有任何意义。

埃隆·马斯克的成功固然离不开聪明的头脑和卓绝的能力，但要知道，在硅谷这个人才云集的地方，马斯克绝不可能是唯一的聪

———

明人，也未必就是最有才华和能力的那一个，但他的成功却依旧让许多人望尘莫及。归根结底，还是在于他独特的思维模式和对未来的前瞻性。

熟知马斯克的人都知道，他是个不折不扣的科学家，就连他的思维模式也始终充满了科学性，而这一点从他"古怪"的说话方式就能探之一二。

比如，普通的孩子在描述自己对黑暗的恐惧时大概会这样说："我很怕黑，总觉得有很多可怕的怪物躲藏在黑暗中，随时会跳出来抓我，而我却连看都看不清它们。"而马斯克在一次采访中提及幼年时的事是这样说的："我小时候其实很怕黑。但后来我才知道，原来黑暗是因为缺乏 400 ～ 700 纳米波长的可见光光子。那时候我就在想，因为缺乏光子而感到恐惧，实在太傻了，于是从此之后我便再也不惧怕黑暗了。"

再比如，一位普通的单身男士表达自己想要拥有一段恋情时可能会这样感叹："我很希望能拥有一个女朋友，而不是忙得连约会的时间都没有。"而马斯克在接受采访时表达自己想要谈恋爱的欲望时则是这样说的："关于约会这件事，我会愿意多分配一些时间。尽管现在我还没有女朋友，但我确实很想找一个。不过，女人一周究竟需要多少时间用来约会呢？十个小时？二十个小时？啊，这真是个很难的问题。"

从"马斯克式"的语言中就能看出，他是个不折不扣的科学家，这所指的并不是他的职业或身份，而是他大脑的思维方式。大部分的人在面对事情时，通常调动起来的都是感性的情绪，比如对黑暗的恐惧，对爱情的渴望，但马斯克并非如此，他习惯用一种具体、科学的思维去看待事情。比如同样是恐惧黑暗，他会去了解并思考黑暗的本源是什么，并在找到答案之后克服情感上的恐惧；就连恋爱，他所想到的，也是该如何具象化地分配出既定时间，来满足另一半的情感需求。

很显然，这样的思维方式的确欠缺了一些人情味，以至于在事业方面如此成功的马斯克在恋爱与婚姻方面却始终不那么顺利。但不得不说，也正是这样一种科学性的思维，促使马斯克成就了今天的自己，让他无论在面对任何事情时都不会迷茫、脆弱。他始终有着一种探索事情本源的执着。

科学性的思维带给马斯克最大的好处就是，帮助他摆脱了教条的束缚，让他的思想比大多数人都要勇敢并且自由。

理查·德费曼曾感叹："我不知晓这些人为何会如此：他们不从自己的理解中去学习，而是非得通过其他的方式——比如，死记硬背或者别的什么。他们的知识体系实在太脆弱了！"

———

想想我们获取知识以及了解世界的那些渠道，不正如德费曼所感叹的那般吗？学校的学习，老师的讲述，互联网提供的答案……不管是知识的汲取还是对世界的认知，我们似乎总是未经思考就接受了那些摆在眼前的信息。这其实是件非常危险的事情，那些无处不在的教条如同牢笼一般，限制了我们的思想和选择，更糟的是，许多人对此毫无察觉。

马斯克的成功之路几乎就是在一片反对声中走出来的，甚至有很多人将他称作"疯子"，因为他总是不计后果地去做那些危险至极的事，那些随时可能倾家荡产、血本无归的事。也正是这些事，成就了他的成功与传奇。

和钢铁侠一样，马斯克是个热衷于"上天"的人，他曾说过，他的梦想就是能够在火星上退休。遨游太空的梦想几乎每个男孩都曾有过，但绝大多数人在年纪渐长之后，都不会再把这个儿时的梦想当回事，因为他们知道，这不过是天方夜谭罢了，即便有人能做到，那个人也不会是自己，这实在太艰难了！可是，这到底艰难在何处呢？是否真的没有实现的渠道呢？如果有，需要做哪些事，而这些事通过自己的努力又是不是有做到的可能呢？

这些问题，大多数人都不会去思考，因为从一开始，他们的内心就已经接受了这样一个设定：你不可能做到，这是天方夜谭。因此，他们永远都成不了埃隆·马斯克，不管他们多么聪慧、多么富有，都是如此，因为从一开始，他们就因为自己的认知而放弃了一切做成此事的可能。

这就是教条的可怕之处，它无处不在、无孔不入，当你被困在其中的时候，你甚至不会去刨根问底就轻易接受它，拥护它，甚至靠它的指导而生活。就像发射火箭，大多数人的第一反应都是：这很危险，很难成功。但很少有人会去想：是什么导致了它的危险？该如何去克服这种危险？有什么办法去解决这些问题？

所以，在马斯克决定发射火箭的时候，他的朋友为了制止他这种"愚蠢的行为"，甚至特意找了火箭爆炸的视频给他看。但这并没有吓倒他，就像当初面对黑暗的时候一样，马斯克科学家的大脑迫使他寻根究底。他开始学习一切与火箭制造相关的知识，他积极地去了解这个行业，甚至开始想办法如何来降低成本——最终，他成功了！

⑤

做应该做的，而不是成功的事

很多人做事时都有功利心，做事之前总会先考虑付出与收获是否对等，值不值得付出时间与精力去做，久而久之，就忽略事情本身的意义，把一切都和利益挂钩。殊不知，这世上的事情，有时偏偏是有心栽花花不开，无心插柳却能柳成荫。

纵观埃隆·马斯克的成功史，真可以说是跌宕起伏、惊心动魄。

事实上，马斯克的起步相较许多人而言要顺利得多，在互联网飞速发展的时代，他以精准的眼光和卓绝的才华抓住机会，与弟弟创办了 Zip2，并由此获得了自己的第一桶金。之后，PayPal 的成功更是直接让马斯克一举获得了巨额财富。

有这样顺利而成功的起步，按理说，马斯克之后的发展即便不说一帆风顺，也不会再有什么大波折。然而，不得不说，马斯克是个特别能折腾，能给自己找事的人，明明已经拥有了别人梦寐以求的"通行证"，可以信步走上康庄大道，却偏偏喜欢走那未经开辟的艰险之路。

不管是特斯拉、SolarCity 还是 SpaceX，马斯克每一次所选择的道路都是常人所意想不到的，或者说，都是在常人眼中最不明智的选择。但不管是因为好运气，还是马斯克真的拥有常人所不及的战略眼光，最终他都交出了让人惊叹和满意的答卷。

在商业方面，马斯克的成功毋庸置疑，但他却与一般的商人有着本质上的区别。商人无论做什么样的选择或决定，其最终目的都是盈利，以最小的代价换取最大的利益。但马斯克不同，他做一件事，通常只看这件事究竟该不该做，而不是这件事到底能不能帮助他获得成功。

这种思维模式是非常有趣的，甚至带着一种不谙世事的天真。众所周知，马斯克是非常有名的"跨领域之王"，他总是喜欢投身那些对他而言完全陌生的领域，然后打拼出一片天地。当商人们在权衡"这件事有多大风险，会不会亏钱"的时候，马斯克所想的却是自己应该做什么，应该如何为自己的理想而奋斗。

是的，理想，马斯克的理想很大，甚至有些天马行空——改变

———

世界，拯救人类。乍一听这个理想似乎有些缥缈，而且不可思议，但你若是熟悉马斯克的经历，你一定会发现，他所做的一切事情，实际上都是围绕其展开的。

在谈及自己的职业规划时，马斯克曾表示，他最为关心的是人类的未来，他渴望能够创造更为美好的未来。在这一理想的推动下，他选择了工程学。

马斯克说道："我曾一度考虑过以物理为业，我也的确学过物理。但进一步思考，我发现真正能够推动物理研究的，是数据。换言之，从根本上来说，物理受制于工程学的进步，缺少工程学，就无法获取数据。"

是的，这就是马斯克的思维，他想的是：我应该选择什么，什么才是能够真正帮助我实现最终理想的，而不是选择哪条路更容易成功、更容易获利。

马斯克曾说过，他认为最能影响人类未来的有五个领域：因特网；清洁能源；航空航天；人工智能；人类基因工程。而众所周知，在这五个领域中，马斯克已经涉足了三个领域，并且都做出了不俗的成绩。

在一次采访中，记者问马斯克说："当你尝试估算成功率的时候，以创办 SpaceX 为例，你究竟是如何真正下决心去做这件事的呢？那时做这样的决定可真是疯狂啊！"

马斯克是这样回答的："确实，真的很疯狂。人们都这样说，而我也同意……我当时在想，如果始终没有人对太空科技做一些改进，那么人类大概会永远留在地球上。可就连最大的太空科技公司都没有兴趣来一次彻底的革新，他们只想着如何让那些已经陈旧的科技能变得好那么一点点。可事实上，随着时间的流逝，科技只会变得更糟……

"事实上我得承认一点，很多时候（面临风险）我也会感到强烈的恐惧，但有时，你会知道，有些事情真的太重要了，你必须得去做，哪怕恐惧也必须去做……在创立 SpaceX 的时候，我觉得成功的概率大概还不到 10%，但我坦然地接受了这个事实，我也很清楚，这可能会让我失去一切。但只要我们可以让事情有一些进展，那么即便我们死去了，或许也会有其他人继续为此而努力，只要能做一些有用的事情就好。创办特斯拉也是一样的，我当时和其他人一样，认为这家汽车公司获得成功的概率也非常低……"

人们总会被埃隆·马斯克天马行空的想法和匪夷所思的决定所震惊，甚至称他是"疯子"，认为他的某些决定是缺乏理智的。然而，认识马斯克的人其实都知道，他比任何人都理智，他有着纯科学的大脑和思维。在每一个疯狂决定的背后，他都清楚，自己需要面对什么样的风险，也比任何人都知道，这件事成功的概率到底有多小。但也正如他所说的，很多时候，某些事情是必须、应该去做的，哪怕充满恐惧也不能退缩。

很多时候，当我们过分算计得失，一切以利益为重时，可能会忽略事情本身所具有的意义，从而错过一些弥足珍贵的机会。越是伟大的成功，往往就越具有偶然性，或许只源于一个不经意的念头，甚至只始于一个微小的举动。就如星星之火一般，燃烧时未必就有燎原的野心，却总能在适当的助力之下铺陈一片火海。

6

"创客"的六度思维原则

"创客"是近来非常火的一个词，"创"就是指创造，"客"就是指从事某些活动的人，顾名思义，所谓"创客"，指的就是勇于创新，并且能够努力将自己的创意变成现实的人。比如乔布斯、扎克伯格等，都是世界上非常有名的创客。

既然提到创新，那么有一个人就不得不提，他就是有硅谷"钢铁侠"之称的埃隆·马斯克。从网上支付，到电动汽车，再到太空计划，马斯克无疑正是这个时代的顶级创客之一。他始终站在这个时代的最前沿，为人类创造新的产品、新的服务，甚至是新的交互方式、出行方式等。

与乔布斯人手一台的"苹果"相比，马斯克所创造的东西似乎离我们老百姓的生活有些遥远，毕竟不是所有人都能拥有一台电动豪车，更不是所有人都能轻易就参与到探索太空的计划。但即便如此也不能否认，马斯克对整个人类的未来是有着非常重要的贡献的，他的创新改变的不是某个人的生活品质，而是全人类的未来。

马斯克的成功令人钦羡，同时也让人敬佩不已。每个人心中都有一个超级英雄的梦，都渴望能够成为像"硅谷钢铁侠"马斯克那样，有能力改变世界的成功者。那么，像马斯克这样的创客与普通人的区别到底在哪里？他们为什么总有超越常人的想法和灵感？这就要从创客们的"六度思维"说起了。

第一度思维：想象那些不可能，但值得我们想象和思考的事情。

要想成为一名创客，思维的创新是必不可少的。所谓创新，就是要创造原本没有的东西，这就要求我们必须具备足够的想象力。当然，虽然是想象，但也必须要立足于现实，如果想象过于天马行空，根本没有实现的可能，那么这些想象也就不会有任何意义了。

马斯克是个非常善于想象的人，虽然很多时候，他的某些想法和抉择在众人看来都是匪夷所思的，但实际上，只要一分析我们就会发现，他所想象的那些"不可能"实际上都是能够立足于现实，并且变为"可能"的。更重要的是，他所想象的这些"不可能"，对于整个世界，乃至整个人类的未来都有着非同寻常的意义，非常有思考的价值。

比如星际移民、零成本能源利用等，虽然以现在的眼光来看，这些东西都太超前了，是"不可能"实现的。但不可否认，在未来，这些事情是我们一定会面对的，因此，即便如今它们都还只是"不可能"，但却极具思考的价值。

第二度思维：让事情从不可能到可能，从不可想象到可以想象。

把想象变为现实，这是创客们的终极目标。要做到这一点并不容易，任何的创新都伴随着高风险，更何况从无到有的构建本身就是极其困难的，我们必须把脑海中想到的那些"不可能"变成"可能"，把那些"不可想象"变成"可以想象"。只有打破虚构与现实之间的壁垒，才可能将我们的所思所想变为实实在在的东西。

第三度思维：打破一切"不可行"。

我们的思维中有一个"魔鬼三角区"，它就如同一个囚笼一般，将我们的思维束缚在某个框架之内，极大地限制了我们的想象力和行动力。构成这个三角区的点有三个，即非理性条件、非人类前提以及非本分的想法。

所谓非理性条件，指的是人们的一些固有认知。比如，有人说要把鄂尔多斯变成迪拜，你立刻就觉得这是不可能的，这就是一种非理性条件，你的反应完全基于对鄂尔多斯和迪拜的固有认知；所谓非人类前提，指的是一些可能有悖常理的想法。比如有人提出要让人类移民到火星上，你会认为这不可能，我们是地球人，怎么可能去适应另一个星球呢；而所谓非本分想法，则指的是一些放在今时今日来看，有些超出现实的想法。

因为有"魔鬼三角区"的存在，所以很多人的思维都被禁锢在了一个框架里，想要成为一名优秀的创客，首先需要做的，就是打破这种禁锢，冲出"魔鬼三角区"。

第四度思维：想象那些可行的事，让小概率变成大概率。

这其中包含了四个条件：社会、政治、科技及经济。社会条件指的是人们对某些事情的向往和追求，比如，如今很火的共享单车，它的可行性并非来自价格的便宜，而是一种全新生活理念的注入；再比如，通过开放二胎政策来促进小孩尿布的销量，这就是政治条件；科技条件不用说，通常就是指那些颠覆性的新技术；经济条件实际上是其中最容易满足的，当社会、政治和科技都具备之后，资本自然也就会蜂拥而至，从而创造经济条件。

第五度思维：让大概率变成可行，让讲故事变为做故事。

任何成功的商业计划，都必须得到人们的认可和接受，这样才能实现可持续发展。而要做到这一点，创客就必须创造出一个能够取信于人的虚拟的"真"。通常来说，这种虚拟的"真"想要获得人们的认可和相信，就必须具备四个条件：一是必须具备逻辑一致的时空体系；二是最好有真实的人物现身说法；三是必须具备足够的意义和吸引力；四是要做到言之成理、生动可信。

在这方面，马斯克一直都是佼佼者。他曾不止一次地说过，他的目标是让人们和他一起去火星，而他也从不吝啬向世人展现 SpaceX 每一个项目所取得的进展，这其实就是不断地在向人们展示实现"火星梦"的虚拟的"真"。

第六度思维：让思想生活在未来。

著名哲学家伊利亚德曾说过这样一句话："如果今天我们不生活在未来，那么明天，我们就会生活在过去。"创客最标志性的特点就是对创新的追求，而要创新，就必须具有优秀的前瞻性，能够时刻站在时代的前沿，让思想生活在未来，不被当下所束缚。

第十章

风险原则

害怕风险往往失去了机会

（1）

做个在风险里打滚的人

随着经济的发展，人们手头的钱越来越多，各种各样的投资开始进入人们的眼帘。很多投资项目都打着不会亏损的旗号，但是稍微有一点经济常识的人都知道，任何投资都是有风险的，世界上就不存在不会亏损的投资。也就说，想要有收益，就要承担风险。投资上的风险是这样，那么在创业的时候风险又是什么呢？或许有些人在创业的时候，并没有考虑钱的问题，并不是所有人都将钱当成是人生的最高目标，也正是因为如此，世界上最大的风险并不是破产，而是失败。真正的一败涂地所带来的伤害，远远超过破产。

对于埃隆·马斯克来说，他一直在追逐金钱，但是目标却不是为了金钱。在他进行投资、创业的时候，总是会毫不犹豫地拿出大笔的钱来。就这种情况来看，他最害怕的就是失败。我们将马斯克称为是在风险里打滚的人，那么，马斯克究竟有多少次面对巨大的风险，险些失败呢？

　　我们无数次提到，马斯克赚到的第一桶金是来自 Zip2 的 2200 万美金，这次创业让马斯克从一个一无所有的穷小子一跃成为千万富翁。但是，这其中的艰险却很少有人知道。虽然其他的互联网公司，包括有名的 Facebook，在世界范围内覆盖最广泛的亚马逊购物网站，它们成立的时候条件非常简陋，但是比起 Zip2 还是好了不少。马斯克的创业基金来自父亲提供的 28000 美元，不过这笔钱在购买完设备、租下房子以后并没有剩下多少。马斯克兄弟没有钱租公寓，只好住在办公室里。他们每天都去附近的廉价连锁快餐店吃饭。经济窘迫的他们舍不得浪费任何食物，马斯克的哥哥金巴尔说，虽然他们卖掉 Zip2 以后再也没有去过那家餐厅，但是他仍然背得出菜单来。

　　Zip2 一直处在倒闭的边缘，它的销售人员每天奔波，但是肯在他们网站上花钱的公司实在是太少了。当它的一位销售人员拿着一张 900 美元的支票回来的时候，马斯克甚至不敢相信自己眼睛。当 Zip2 获得投资以后，情况并没有变得太好，在兼并城市搜索的时候，马斯克和城市搜索的老板发生了分歧。双方的意见不能统一，导致 Zip2 一直处在亏损状态。如果不是康柏公司及时用 3 亿美元收购了 Zip2，那么很有可能 Zip2 就倒闭了。

　　虽然经历了险些破产的危机，但是马斯克马上又收拾好心情投入到了新的事业中去。任何创业都不是没有风险的，而在风险当中存在着巨大的机遇。没有承受风险的决心，就没有资格享受成功的果实。成功不是没有代价的，成功的道路上布满荆棘和艰险。就如同睡美人的故事一样，在拯救公主的路上有着无数的风险。只有那些最勇敢的人，只有那些能够向着风险勇敢前进的人，才有资格亲吻沉睡中的美丽公主。

　　埃隆·马斯克显然是那个成功的披荆斩棘的人，他一路上遇到的风险数不胜数。在成立 SpaceX 的时候，他们做出的计划是，2003 年 5 月到 6 月制造两台推进器，7 月完成火箭机身的制造，8 月完成火箭的装配，9 月完成发射台，11 月就完成第一次火箭发射。他们样制订了计划，甚至决定首次登上火星的时间是 2010 年。之后的事情大家都知道了，2010 年 SpaceX 并没有将人送上火星，他们在 2004 年的时候才制好火箭的引擎，第一次发射是在 2005 年，而且还失败了。这中间的几年里，马斯克不断地向 SpaceX 注入资金，更别说他还有另外一个吞噬资金的特斯拉。

　　在 2008 年的时候，不管是马斯克的朋友还是他新婚的第二任妻子，都为马斯克的未来感到深深的担忧。他离婚之前，还想着，如果他遭遇了完全的失败，那么还可以住到贾斯汀父母的地下室去，而在他离婚以后，一旦他破产，那么他连一个可以栖身的地方都没有了。就是带着这样的恐惧，马斯克审视了自己剩下的资金。他发现，自己的资金只够撑到年底，而当时已经是 2008 年的下半年了。

特斯拉的情况也没有好多少，一家网站甚至制作了一个特斯拉死亡倒计时的栏目。SpaceX 发射成功以后，马斯克的经济状况也没有好转。如果没有意外的话，SpaceX 第一笔进项要等到 2009 年。就在马斯克犹豫是要关掉特斯拉还是 SpaceX 的时候，他拿到了 NASA 空间站的项目，获得了 16 亿的资金。

2008 年对于马斯克来说是非常痛苦的一年，他失去了一个孩子，他和妻子离婚了，他倾注了所有心血的两家公司险些倒闭。他险些在 2008 年失去自己的一切。他的一位朋友说，如果不是马斯克，换成他认识的任何一个人，遭遇了像马斯克这样多的风险，早就崩溃了。

风险与机遇永远是一对孪生兄弟，如果马斯克没有敢于承担风险的勇气，他也没有资格成为 NASA 的合作伙伴。换成别的商人，恐怕早就选择关闭 SpaceX 了。正是马斯克敢于冒风险，在风险里打滚的精神，他才能够建立一个真正能与世界巨头抗衡的公司。所以，想要成功，承担风险的勇气是必须要有的。历史上有哪一个成功者没有经历过孤注一掷的时候呢？因为他们敢于冒险，所以他们抓住了真正能让他们起飞的机遇。

②

从最好的点出发，做最坏的打算

　　成功者是怎样去做一件事情的？计划是必不可少的。没有计划，贸然行动，失败的概率远远大于成功，这不是一个聪明人应该做的事情。而想要制订一个完美的计划，就要抓住两点——开头和结尾。

　　早在 2013 年，埃隆·马斯克就公布了他的超级高铁计划，然而这个计划在他心里产生的时候，比 2013 年更早。马斯克虽然成为了硅谷风头最盛的人，但是他在资金方面始终麻烦不断。因此，超级高铁这个计划始终没有什么突破。2018 年 4 月 8 日，马斯克突然发布了两条推特，表示超级高铁计划已经取得了一定的突破，在实验的过程中，测试时车厢能够承受的速度已经达到了音速的一半，即惊人的每小时 613 公里，并且已经开始在 1.2 公里内完成刹车实验。也就是说，超级高铁计划已经取得了阶段性的突破了。

这对马斯克来说无疑是一个好消息，他手上的几家公司，都是前所未有的高新科技，都是在未来能够造福人类的黑科技。不管哪一项取得了成果，对于马斯克乃至全人类来说都是好消息。

好的开始是成功的一半，这句话说得非常正确。任何一个计划，都离不开好的开始。一个好的开始能够让人们对自己充满自信，也能够坚定执行这个计划的决心。试想一下，如果你费尽心思制订了一个庞大的计划，但是在这个计划刚刚开始的时候就因为某些事情失败了，你还会坚定不移地执行下去吗？在成功的道路上，时间的重要性不亚于金钱，一个庞大的计划，一个颇有前途的计划，就因为一个糟糕的开始而被全盘放弃，不仅浪费时间，更是浪费了精力，这种情况对于想要成功的人来说无疑是一个沉重的打击。

那么，要如何制订计划才能避免一个糟糕的开始呢？其实这个问题很简单。想要让一个计划有一个好的开始，那么在计划开始之前就必须要对计划的可行性进行一个全面的评估，对自身的实力进行一个全面的评估。如果你认为，这个计划并不难，你自身的条件完全可以实现这个计划，但是这个计划从一开始就失败了。那么，你就可以重新审视自己了。是否高估了自己的能力？是否高估了这个计划的难度？只有真正周全的计划，符合自己的计划，才真正具有可行性。所以，在制订计划的时候，最好将第一个目标放得低一点，这样才不会打击自己的信心，让自己更好地成长起来。

至于结尾的重要性，就更是毋庸置疑了，毕竟我们做所有的事情，包括完美的计划，最重要的都是结尾。但是，想要保证有一个完美的结果，也不是一件容易的事情。想要成功并不是一件容易的事情，事实上，成功人士，他们所走的道路并不是一帆风顺的。人们只看见他们功成名就的时候，却很少看见他们曾经的失败。不管多么完美的计划，也没有人敢百分之百保证最后的结果是好的。所以，在失败之前，我们就要做好收拾残局的打算。

在这个世界上，很多有识之士表示过对人类未来的担忧。"股神"巴菲特从小就对战争和死亡有着深深的恐惧，2018 年去世的史蒂芬·霍金也曾经警告人类，未来人类可能会因为自然环境的变化而陷入毁灭的危机。

马斯克在投身 AI 行业以后，在一部纪录片中表示对人工智能的担忧。他认为，人工智能的成长速度是非常惊人的，在未来，人类很有可能被人工智能所支配。如果人工智能当中出现了一位暴君，将会永远地奴役人类。这种担忧在过去只出现在科幻电影中，如《终结者》《黑客帝国》等。埃隆·马斯克对此也表示了他的担忧。

人无远虑，必有近忧。凡事都做最坏的打算，虽然听起来有些悲观，但这却是防范失败最好的办法。失败所带来的沮丧，以及一系列的负面影响是无法避免的，但是我们可以提前准备将这种影响降到最低。一旦做好最坏的准备，那么不管是从心理上，还是从行动上，都会采取相应的预防措施，以免在失败到来的时候接受不了这种巨大的冲击。

一个成功的计划，就必须要将风险降到最低。而有效降低风险的办法就是从一个最好的点出发，做最坏的打算。最好的出发点可以避免不必要的损失，而最坏的打算则可以规避掉大部分的风险。

③

要有承担风险的勇气

古往今来，许多成功人士成功的秘诀之一就是：抢占先机。许多人之所以与成功无缘，不是脑子不够用，也不是缺乏好的想法，而是没有承担风险的勇气，不敢抢占先机。世界上第一个吃螃蟹的人，必然不会是第一个看到螃蟹的人，只不过在他之前，别人都不敢冒着未知的风险去尝试，于是就只能生生错过了螃蟹的美味。

作为硅谷著名的"钢铁侠"，埃隆·马斯克总是愿意并且乐意做那个"第一个吃螃蟹的人"，也正因为如此，所以他总能跑在别人的前头，承担比别人更多的风险，也收获比别人更多的机会。

美国最畅销的豪华轿车是什么？奔驰？宝马？不不不，如今可是杀出了一匹"黑马"，把这些汽车产业的巨头们远远甩在了后面。它就是来自硅谷的特斯拉——一款纯电动豪车，汽车行业的"颠覆者"。它才刚上市一年，就已经成功超越奔驰和宝马，占据了美国豪华轿车销量榜的第一名。

特斯拉的成功就如同一出典型的硅谷式成功剧。

2003 年底，马丁·艾伯哈德和他的同事马克·塔潘宁卖掉了原来公司的股份，决定干一出惊天动地的事业，一件足以改变世界的大事。这两个年轻人也确实有这样的底气：马丁是全球第一批做云计算的人；而马克则在软硬件融合领域有着极为辉煌的履历。

经过认真的讨论和思维的碰撞后，他们决定开发纯电动汽车，他们相信，这是未来汽车行业的大趋势，是足以改变世界的一项创举。当然，这项创举同时也很烧钱，所以，即便这两个年轻人已经非常富有，他们也必须找到一个实力强大的投资伙伴。

埃隆·马斯克就是在这时和他们认识的。一个刚刚卖掉 Paypal，赚到了 1.8 亿美元的天才；一个有着深厚的工程背景，具有敏锐科技洞察力的投资人——还有谁比他更合适呢？于是，三人一拍即合，他们的新公司就叫作 TeslaMotors（特斯拉汽车公司），以纪念伟大的电气工程师尼古拉·特斯拉。

在许多人看来，马斯克这一次的投资是非常草率并且极具风险的，要知道，2003 年，可是电动汽车发展史上最黑暗的一年。小布什上台之后降低了油价，并撤销了对新能源汽车的补贴。就在这一年，通用甚至宣布将已经生产的电动汽车 EV1 全部召回并销毁。可就在大家都不看好这一行业的时候，马斯克却毫不犹豫地一头扎进来了。或许他还应该感谢这黑暗的一年，毕竟正是在这样的背景下，他才得以用最小的代价获得了通用合作伙伴 ACpropulsion 的核心技术——现如今所有主流厂商的电动车技术几乎都是由此发展而来的。

一直到 2008 年 10 月，特斯拉的第一款跑车 Roadster 才终于出炉，他们投入了很多，时间、精力、资本，然而最终的结果却不尽如人意。原本计划成本 7 万美元，售价 10 万美元的产品，因为要通过美国交通部的认证而增加了不少测试并更换了变速箱，导致整车的成本飙升到了 12 万美元，售价却定在了 11 万。

特斯拉的情况简直糟糕透了：亏本卖车；200 多名员工等着发工资；想要继续融资却无人接盘；拥有先进技术，但短期内无法降低成本；资金随时可能用尽。

事情发展到此地步，或许有人会问：埃隆·马斯克后悔吗？如果当初他没有如此草率地进行投资，现在可不会落入这样焦头烂额的境地！

不管别人怎么想，但事实上，马斯克是根本没有时间来后悔的，即便在最糟糕的情况下，他也没有生出丝毫退缩或放弃的想法，他所做的，就是不停地想办法去解决问题。他约见了戴姆勒集团主席，并说服他前来特斯拉进行参观，然后又花费大约两个月的时间，把一辆 Smart 改装成了电动车。这一作品打动了戴姆勒，并成功从他手里争取到了 5000 万美元的投资和一份核心部件订单。之后，在马斯克的推动下，特斯拉又相继拿下了丰田的电池和控制系统订单。

资金依旧不够，但这并不妨碍马斯克继续创造奇迹。他邀请朱棣文和奥巴马参观了特斯拉的工厂，新车型 ModelS 的研发进展也十分顺利，特斯拉由此争取到了 4.65 亿美元的贷款，并陆续开始接受客户的订单。

最后，马斯克将自己个人账户中最后的 6000 万美元也全部取了出来，并向所有他认识的投资人都发出了邀约，邀请他们自愿进行投资认购。出于对马斯克的信服和敬佩，最终，这一轮融资特斯拉获得了大约 8000 万美元。

经历了数次的跌宕起伏，特斯拉终于在生死边缘创造了腾飞的奇迹。之后的很多事情大家都知道了：2010 年上市，2012 年 ModelX 发布，2013 年实现盈利……埃隆·马斯克又一次成功了，如同一个革命者，一个颠覆者，把那些傲慢的汽车巨头们打得猝不及防。

无数人看到了马斯克的成功与好运，无数人敬佩马斯克目光的精准和对未来的前瞻性。诚然，这些都是他能够成功的重要条件，但归根结底，真正推动他一次次超越自我，创造奇迹的，还是他骨子里的冒险精神。就如在投资电动汽车时他所说的："没有人会怀疑清洁的电力是未来，但最大的不确定性在于历史进程的时刻表，即这种转变发生的时间与速度。"是的，谁都可能窥探到未来的一个边角，但却不是谁都有勇气去担负除了那小小边角之外的一切未知的风险。

在一次公开活动中，曾有记者这样问道："如何才能做出有影响的创新？"

当时，特斯拉的另一位创始人马丁是这样回答的："你需要天真幼稚一点，因为如果太成熟，那么你会很清楚你即将面对的困难然后选择退缩。"

在成功面前，你所缺少的，或许正是这样的一点天真和幼稚。

④

跨领域挑战，突破与风险共存

这个世界从不缺少天才，也从不缺少梦想家、实干家，但是，能将这三者全都融和一体的人却并不多。有人将马斯克称为"活着的传奇"，这不仅是因为他富有或事业有成，而是因为他一直在执拗地改变世界，创造奇迹。

人们为马斯克而狂热，不是因为他成功，而是因为他一直在突破，一直在超越。当你以为他已经走上人生巅峰时，他总会用行动让你大吃一惊；当你为他的疯狂和冒进而唏嘘时，他总能用更大的成功和奇迹让你大跌眼镜。

PayPal 的联合创始人，SolarCity 的主席，特斯拉汽车的 CEO 及首席产品架构师，SpaceX 的 CEO 及 CTO——这里任何一个头衔拿出来都足以令人震惊，而它们却都指向了同一个人，对，就是他——

埃隆·马斯克。年仅 45 岁，他就已经在软件、能源、运输和航空航天等四个完全不同的领域都占据了一席之地，创建了四家市值数十亿的独角兽公司，也难怪《纽约时报》就将他称作"几乎是世界上最成功、最重要的企业家"了。

很多时候，一个人的成就不仅仅是由头脑决定的。聪明的头脑和卓绝的能力或许能让你比别人走得更轻松，但却未必能让你比别人更成功。自古以来，促使人类不断前进的，并非卓绝的智商，而是永不满足的野心，和追求卓越的冒险精神。突破与风险永远是共生的，不敢冒险的人，即便拥有比别人更多的资本，顶多成为一个优秀的"守成者"。

埃隆·马斯克的第一桶金来自一个叫作 Zip2 的专案，这是一个为新闻机构开发的线上出版软件。1999 年的时候，Zip2 以 3.07 亿美元的价格卖给了 Compaq，那个时候，马斯克还不到 30 岁，却已经拥有了许多人都望尘莫及的财富与成功。

试想一下，如果此时的马斯克对自己所拥有的一切感到足够满意，如果他选择用这笔巨额的财富让自己过上挥金如土的生活，那么恐怕世界上就要多出一个富有的花花公子，而少一个硅谷的"钢铁侠"了。许多天才的止步不都是如此吗？就像《伤仲永》中的那个小神童，明明拥有得天独厚的聪慧与天赋，最终却因为缺乏上进的野心和对自我的满足而沦落到泯然众人的地步。

埃隆·马斯克不是一个容易满足的人，Zip2 带来的巨额财富并未阻止他前行的步伐，而是成为了他走向更高更远的重要助力。Zip2 之后，马斯克紧接着便与人合伙创办了 PayPal，2002 年 10 月，全球最大的网上商城 eBay 以 15 亿美元的价格收购了 PayPal，这一次，马斯克从中赚到了 1.8 亿美元。

简直让人惊呼！这一次，他可以止步了吧？

当然不，埃隆·马斯克可不是一个会因任何事而停下自己脚步的人！

但这一回，他真的让人傻眼了。2003 年，马斯克成为了马丁·艾伯哈德和马克·塔潘宁的合伙人，和他们一起创办了特斯拉汽车——一家大规模生产电动汽车的公司。

电动汽车？！这对于马斯克来说完全是一个陌生的领域，在此之前，他已经证明了自己在软件领域的才能与眼光，获得了许多人可能奋斗一生都无法拥有的财富与成功。他完全可以开始放纵地享受人生，或继续在自己所熟悉的领域再创辉煌。然而他没有，他做出了一个让许多人都感到有些冒失的选择——投资一个自己完全陌生的，并且不被人看好的领域。可想而知，这将会面临多大的风险，但马斯克全然无惧。

特斯拉汽车的发展简直跌宕起伏，数次在生死边缘徘徊。从2004 年加入特斯拉，一直到 2013 年才实现第一次盈利，可想而知在此过程中，马斯克经历了多少困难。而如今，特斯拉的成功在马斯克的履历上又添上了浓墨重彩的一笔。

你以为马斯克将止步于此了吗？那你恐怕又错了。事实上，在特斯拉汽车刚刚渡过最艰难的时期，步入平稳发展之后，马斯克就成为了光伏发电公司 SolarCity 最大的股东和董事。促使马斯克做这件事的理由就是——零排放发电——他想改变世界。

SolarCity 很受欢迎，但与此同时也存在着巨大的风险。2015 年的时候，SolarCity 的太阳能设备安装上涨了 73%，公司不得不投入大量资金，致使其在短期内营业收益为负。要知道，之前美国的清洁能源生产巨头 SunEdison 才刚刚因为债务问题而申请破产了，可想而知，马斯克投入 SolarCity 需要承担多大的风险。

任何一个商人都不会轻易投身自己所不熟悉的领域，因为这意味着他可能需要面临更大的风险，付出更多的努力。但马斯克不同，他不仅是个商人，更是个梦想家。

继软件、能源、运输之后，马斯克开始踏足航空航天领域。如果说，此前的创业马斯克只是稍微"冒险"了一些，还不算太出格，那么这一次，他的所作所为真是称得上"疯狂"了。

从儿时开始，马斯克就有一个梦想："让人类成为跨行星的物种。"于是，他决定探索太空，自己造火箭。几乎所有人都告诉他，不要这么做，甚至有朋友还特意找了火箭爆炸的视频给他看，想让他明白自己的想法有多么疯狂、多么危险，试图让他打消这个念头。

最终，在无数的反对声中，SpaceX 成立了。2006 年、2007 年、2008 年，"猎鹰一号"连续三次发射失败，马斯克几乎因此而散尽了家财。他卖掉了房子、他的私人飞机，还有麦克拉伦 F2 跑车，几乎山穷水尽。

当然，结局如何，我们都知道了。上天再一次眷顾了埃隆·马斯克，2008 年 9 月 28 日，"猎鹰一号"第四次发射终于成功，SpaceX 从 NASA 拿到了 16 亿美元的订单。

在马斯克的办公室里挂着一幅海报，海报上一颗流星划过天际，下面写着这样的话："若你对流星许愿便能实现愿望，那么除非那是一颗正撞向地球，足以毁灭所有生命的流星，而你的愿望恰好就是死在流星之下。否则，无论你对它许下什么愿望，你都完蛋了！"

实干精神、永不满足的野心，拥有了这两者，你才能拥有不断前行的动力，突破永远是与风险共生的，在风险面前望而却步的人，永远都无法获得突破。

5

成功，就是敢做别人不敢做的事

趋吉避凶是动物的本能。每个人都渴望成功，但却又总是会下意识地躲避风险。然而，在这世上，成功偏偏与风险密不可分，不敢冒风险，就无法赢得出人头地的机会。

当然了，敢于冒险的人未必都能取得成功，但可以肯定的是，不敢承担任何风险的人，是永远不可能改变命运的。不敢冒险就意味着不敢打破现有的一切，不敢抛弃稳定的生活，那么，除了继续以同样的姿态在这个社会上生存之外，还能有什么建树呢？

古往今来，多少被历史铭记的成功者，在获得成功之前，无一不是承担着比别人更大的压力和风险。也正是因为他们有胆量冒险，敢于去做别人不敢做的事，才能得到别人无法得到的东西，达到别人无法抵达的高度，看到别人无法看到的风景。

　　马斯克是个不折不扣的冒险者，在他的字典里，似乎从来都不存在"安稳"二字。在软件编程方面，他绝对是当之无愧的天才，年仅 12 岁的时候，他就已经写了游戏 blastar 的代码，并通过出售这个代码获得了 500 美元。后来，在美国宾州大学和斯坦福大学深造之后，他又先后开发了企业黄页网站 Zip2 和网上支付软件 PayPal。

　　可以说，还不到 30 岁，埃隆·马斯克就已经拥有了大部分年轻人梦寐以求的一切，名利、财富，他只需要安稳地待在这个领域，开发程序，投资软件公司，甚至可以搞搞房地产，或直接把钱放到银行，优哉游哉地享受生活。

　　当然，如果马斯克是这样的人，那么或许有一天他的名字会写入世界富豪排行榜，或许有一天他会开发出一款享誉世界的软件程序，但他绝不会成为这个世纪的传奇，成为让世人惊叹的"钢铁侠"。毕竟这个世界并不缺天才，也并不缺有钱人。

　　但很显然，埃隆·马斯克是与众不同的，根植在灵魂深处的冒险因子让他永远不会选择安稳的生活和普普通通的成功。

　　年幼时的马斯克有一个梦想——去火星。这是许多小男孩都曾有过的梦想，并不稀奇。但许多人随着年龄的增长，自然而然地就放下了这个梦想，是啊，恐怕任何一个有理智的成年人，都不会太把儿时天马行空的想法当回事。但马斯克不同，他真的去做了，他把自己所有的钱都投入了他的太空计划，创立了一个名为 SpaceX 的公司。

硅谷曾流行着这样一个笑话："最近有人在航空领域挣了点小钱。"

这件哪怕有一点理智的人都不会去尝试的事情，"疯子"马斯克却去做了。SpaceX 的火箭发射失败了三次，马斯克几乎倾家荡产，马斯克和他的太空计划几乎成了全世界的笑柄。是啊，一家公司，员工不仅全年无休，还得承担失业的风险，最后甚至还得为公司贴钱，帮助老板融资。

然而最终，SpaceX 的第四次火箭发射迎来了成功，随之而来的，还有一份来自 NASA 的价值数十亿的运送太空物资及宇航员的合同。

萧伯纳说过："理智的人都会去适应世界，而没理智的人则都要世界来适应他，所以世界所有的进步，全靠没理智的那部分人。"

埃隆·马斯克曾说过，他要用科技来拯救人类，而事实证明，他并不是在开玩笑。他总是做别人不敢做，甚至不敢想的事情，承担别人不敢承担的风险。也正因为如此，埃隆·马斯克总是能走在所有人的前面，用一次又一次匪夷所思、令人惊叹的成功来震撼世人。

当他想要实现网上支付的时候，人们嘲笑他痴心妄想，结果 X.com 和 PayPal 横空出世；当他想要制造电动汽车的时候，人们因特斯拉的资金困境和安全事故而对此嗤之以鼻，结果，ModelS 和 Model3 惊艳亮相；当整个硅谷都因马斯克想去火星而嗤笑不已之际，SpaceX 却再一次证明了他的传奇……

敢于做别人不敢做的事未必就一定会取得成功，但如果因为惧怕风险而选择循规蹈矩，那么你的人生就永远"不过如此"了。人只有张扬着野性才会不甘于沉沦；人只有拥有冒险精神才会不甘于被社会和环境所左右。机会与风险永远是并行的，躲避风险就意味着失去机会，过度的谨慎或许会让你的人生道路走得平顺一些，但，也会让你失去一飞冲天的可能。

成功的关键不在于你拥有多少，而是在于你敢付出多少，拿出多少去和命运博弈。很多时候，那些与成功无缘的人所缺少的，并不是聪明的头脑也不是丰厚的资本，而是承担风险的勇气。埃隆·马斯克未必是硅谷最优秀的天才，也未必是硅谷最成功的商人，但他绝对是硅谷最勇敢也传奇的勇士，是那个有能力去改变世界的"超级英雄"。